高高山顶立　深深海底行

微行为心理学

汪思源　著

天地出版社 | TIANDI PRESS

图书在版编目（CIP）数据

微行为心理学 / 汪思源著. —成都：天地出版社，2018.8（2020年6月重印）

ISBN 978-7-5455-3269-2

Ⅰ. ①微… Ⅱ. ①汪… Ⅲ. ①行为主义—心理学—通俗读物 Ⅳ. ①B84-063

中国版本图书馆CIP数据核字（2017）第248414号

微行为心理学

WEIXINGWEI XINLIXUE

出 品 人　杨　政
著　　者　汪思源
责任编辑　张秋红　安斯娜
装帧设计　龙　柒
责任印制　葛红梅

出版发行　天地出版社
（成都市槐树街2号　邮政编码：610014）
网　　址　http://www.tiandiph.com
http://www.天地出版社.com
电子邮箱　tiandicbs@vip.163.com
经　　销　新华文轩出版传媒股份有限公司

印　　刷　北京盛通印刷股份有限公司
版　　次　2018年8月第1版
印　　次　2020年6月第5次印刷
成品尺寸　146mm×210mm　1/32
印　　张　8.5
字　　数　198千字
定　　价　39.80元
书　　号　ISBN 978-7-5455-3269-2

咨询电话：（028）87734639（总编室）
购书热线：（010）67693207（市场部）

前言

《孙子兵法·谋攻篇》说 :“知彼知己，百战不殆。”这个道理不仅适用于战争，也适用于日常生活。从某种角度看，生活中我们每次与他人的接触，也算是大大小小的“战争”，需要了解的对方以及对方的心理，则相当于“敌人”。要想取得人生的胜利，我们就必须了解周围的人。

识人作为一门独立的学问，自古就有，且蔚为博大精深。西方有颅相学，中国有相面术。中国的相学著作非常多，比如《麻衣相法》《柳庄相法》《太清神鉴》等。它们记载了大量神乎其神的识人技巧，虽说有玄虚成分，但也有从经验中得来的真智慧。识人，可不仅仅是看静态的五官和体相，还要仔细观察动态的言行举止，动静结合才好作判断。中国人既相信面相学，却又说“人不可貌相”，这就把握了识人的真谛，即看人不能只看表面，还需要挖掘、辨别其内在素质。

要想了解一个人的内在品质，最直观的方式是观察其言行。近现代心理学研究为识人提供了更深入、更准确的视角，帮助我们从外在的言行举止去透视一个人内心的真实想法，乃至这个人的性格特性。

人的心理是看不见摸不着的。在人际交往中，人们会出于各种目的隐藏自己的真实想法，有时甚至故意制造迷雾。怎样去了解一个人的内心，以便做出恰当的应对呢？这个过程是否有章法可循呢？

章法是有的，而且不难掌握。

弗洛伊德曾说："任何人都无法保守他内心的秘密，即使他的嘴巴保持沉默，但他的指尖却喋喋不休，甚至他的每一个毛孔都会背叛他！"可见，无论多么厚的面具，都不能阻挡真实心理活动的流露，线索就藏在人的各种细微的行为当中。

是的，我们可以通过一个人各种各样的微行为，判断出他的真实想法。一瞬间的表情、一个小动作、一个无意识的小习惯，都可能成为暴露真心的浮标。对微行为的研究，可以使我们直抵他人内心，让对方的真实想法无所遁形，从而使我们突破人与人之间的层层障碍，无往不利。

在日常生活中，人们往往并不重视那些细微的表情、动作或习惯，或将其当作无意义的行为忽略掉。事实上，所有微行为都能够透露出有用的信息。你在说话的时候，如果对方频繁地点头，那说明他不想听下去了；男性在女性面前侃侃而谈，女性突然捂住自己的嘴，静静地看着对方，那么她是在掩饰喜欢对方的激动心情；如果你在工作上取得了成绩，老板却没有表扬你，只是轻轻拍了一下你的肩膀，不要觉得委屈，因为老板的这个动作本身就是对你的一种认可和鼓励……本书将生活中常见的细微表情和动作以及不被注意的习惯等微行为与心理学分析紧密结合，希望借此给读者一双慧眼，识别他人的真实心思，从而做出最恰当的反应。如果能做到这一点，我们将在工作、生活中少走很多弯路，获得更多机会。

目 录

第一章 抓住了神情，就不会放跑心理

第二章 手部动作代表的心理

第三章 触摸身体方式揭露的心事密码

第四章 身体姿势代表的心理

第五章 不同的语言习惯代表不同的心理

第六章 生活习惯中的心理学

第一章

抓住了神情，就不会放跑心理

表情可不只是表面现象

俗话说“人活一张脸，树活一张皮”，虽然这句话说的是一个人的面子问题，但也说明了脸面的重要性。如果说人是一所房子的话，那么脸肯定就是这所房子的门面，是人们在“参观”这所房子时第一眼就能看到的东西，就像人们评判一个女人是不是美女首先看脸一样。

脸很重要，脸上的各种表情同样重要。如果说整张脸代表一个单独的生命体，那么这个生命体的生机必然体现在脸部的表情上。没有表情的生命只能算是行尸走肉，很难想象一张完全没有表情的脸是什么样子。

表情能够影响很多事情。曾经发生过这样一件事情：一个人考飞行员，体检等所有环节都通过了，最后却没被录取。原因竟然是考官们看到他的面部几乎没有表情，过于僵硬，认为他内心压抑，不适合压力太大的工作。

表情能反映出一个人的心理状况甚至性格。表情是内心的写照，是各种心理活动的外在表现。脸部表情的每个细微变化，都不是随意发生的，而是与内心各种各样的想法相呼应。因此，我们可以通过面部表情来推测一个人的真实心理，并认清这个人。

人们在日常生活中进行各种交往活动的时候，都会有意无意地去观察对方的面部表情，这就是因为通过对方的面部表情我们能够得到很多信息。那么，表情都能够反映出什么信息呢？

1. 表情能反映一个人的心态。

心态可能是长期的，也可能是短期的。如果一个人总是面带微笑，说明他的心态一直很好；如果一个人长期愁眉苦脸，说明他的心态一直都非常不好。短期的心态就是一个人的情绪，表情是情绪的晴雨表，如果一个人眉飞色舞，喜笑颜开，就表明他此刻的情绪非常好；如果一个人怒目而视或者脸色很差，说明他此刻的情绪非常不好。

2. 表情能够反映一个人对事情的态度。

在日常生活中，无论面对什么样的事情，人们都会有自己的态度，比如漠不关心、冷眼旁观、很感兴趣、非常厌恶等。这些态度都会从人们的表情中表现出来。例如一个人在遇到某事之后脸上没什么变化，那就说明他觉得这件事跟自己没关系，他一点儿兴趣也没有；如果他非常兴奋或目不转睛，那就说明他对这件事情很感兴趣。

3. 通过表情能推断出一个人的性格。

每个人的性格都是不同的。有的人外向，有的人内向，有的人腼腆，有的人豪放，这和每个人的生活环境、个人经历等因素有着密切的关系。正是因为性格不同，不同的人在同一种心理状态下，才会有不同的表情。比如说，遇到让人高兴的事情时，性格腼腆的人可能只会抿嘴一笑，而性格豪放的人则可能会哈哈大笑，性格比较冷漠的人可能根本就不会有什么表情变化。

4. 通过表情能够帮助人们在谈话时了解对方的真实心理。

在正常的社会交往中，谈话是人与人之间最基本的交流方式，但人们并不一定会在彼此之间的谈话中说出自己的真实想法，这样就会让谈话失去它本身的作用和意义，不会对人与人之间的交往起到任何有利的作用。

如果人们想要知道对方在谈话时说出的话，到底能不能代表他心里的真实想法，可以重点观察他的表情。当一个人心口不一或撒谎的时候，他会刻意控制自己的语言，以求表达出自己需要的内容，达到自己想要的效果。在这种情况下，人们的心理一般都是高度紧张的，精神也是高度集中的，不然很可能出现“失言”的情况。然而，表情和语言不同，表情是生理性的，即使花费很多的心思去掩盖，表情依然会显得和说出的语言格格不入，表情会出卖我们内心的真实想法。当然，这种“出卖”需要我们仔细观察才能发现。

表情是可以隐藏的。人类有自我保护的基本需求，没有人愿意把自己的内心活动完全暴露出来，或多或少都需要有自己的“隐私”。某些人在某些场合很担心自己的心理动态被察觉，于是极力隐藏内心活动，他们表情和内心形成强烈的冲突。就像是有些电影和电视剧中演的那样，某人非常痛恨的一个人死了，他的内心非常高兴，却因为某些原因必须装得非常悲伤，这时候他的表情就不能代表他的真实心理。比如隋文帝杨坚，他在做北周大臣的时候位高权重，他的女儿还是皇后，因此当时的北周皇帝非常忌惮他。北周皇帝并不能确定杨坚有没有造反的心思，于是就想试探他一下。北周皇帝对自己的手下说：“一会儿我会召杨坚进宫，如果他的神色变化不定，就说明他心怀异志，很可能是想要造反，你们要立即杀了他。”杨坚进宫之后，神态自若，面部表情没有发生任何变化，这才让北周皇帝感到安心，于是就没有下令杀死杨坚。

情绪虽然可以隐藏，但面部上一些微小的表情极难隐藏。当一个人心中高兴的时候，即使表面上看起来非常悲伤，但是嘴角很可能会无意识地露出一丝一闪而过的笑意，只要注意观察就一定能够发现。这种一闪而过的表情叫作瞬间表情，很多时候它代表了人的真实想法。

通过观察表情来洞察一个人的心理，不是一件容易的事情。一方面，不同的人的表情可能会因为受到很多因素的影响而有一定的差异；另一方面，表情并不总是单独出现的，有些时候一张脸上可能会同时出现很多表情。一些外部因素也会给我们的判断带来麻烦，比如周围环境、自身及对方的情绪状态、观察时使用的方法等。

当然，这个问题也不是不能解决的，只要我们有了足够的社会经历和经验，通过表情洞察真实心理其实是一件很简单的事。如果阅历不够丰富，就只能靠仔细观察。只要观察得足够认真和细致，就一定能够得到自己想要的答案。

点头不一定同意，摇头不一定拒绝

除了面部表情，我们在观察别人的身体动作时，最先看到的往往是别人的头部动作。当然，还有一个原因使我们对别人的头部动作非常在意，那就是头部动作传达出来的信息相当丰富。

最常见的头部动作是点头和摇头。进化生物学认为，这两种动作是与生俱来的，是一种本能的举动。一般情况下，点头代表的意思是肯定、同意、赞成、确定，而摇头代表的意思是否定、不同意、不赞成、不确定。据说某些国家和地区的人做出这两个动作所代表的意思，与我们恰好是相反的，但不管怎么说，这两个动作基本的含义都是一样的——不是肯定就是否定。

点头和摇头中包含的信息很多，特别是在一些特殊场合。我们不能因为点头和摇头是人类最基本和最常见的头部动作，就忽略其中包含的学问。

使用一些适当的技巧，可以让这两种动作变得更具有说服力。

点头和摇头的动作经常在交谈中被用到。研究表明，在双方谈话的过程中，点头的频率是至关重要的，不同的点头频率代表的意思不同。处于聆听状态的人，每隔一段时间就向说话者点头，表达的意思就是“你说得很对”“我同意你的观点”。这样不仅表达出了聆听者的意见，还能够给说话者传达一种心理暗示，激发说话者的表达欲望，使其比平时更加健谈。还有一种动作是缓慢地点头，这种动作表达的意思是对说话者谈论的内容很感兴趣，当前的话题对聆听者来说很有吸引力，同时也表明自己不仅仅是在倾听，也在进行深入的思考，这样能够大大拉近谈话双方之间的距离。点头还有一种作用是表达谦虚和好学。有些时候，别人会针对你的行为提出一些建议，或者对你的一些错误做法进行指责，这时，适当点头会给对方留下一些好印象，因为点头表达了你对对方好意的接受和感激，你会因此很容易被别人接纳。

有一种人总是习惯性地点头，这是一种明显的热心助人的特征。这样的人在生活和工作中懂得关心和体贴别人，知道配合别人的重要性，尊重对方的弱点，同时也愿意伸出援助之手。这种人还非常爱交朋友，不仅能够经常在力所能及的范围内帮助朋友，还在内心深处关心和体贴朋友，处处都为朋友着想，时时想着为朋友排忧解难。更难得的是，他们能够在朋友提出请求之前，就伸出援助之手。

点头有时候也会表达一种“示好”的意思，特别是在两个不是很熟悉的人见面的时候，示好的方式往往就是互相点一下头。

总之，点头是一种非常有感染力的动作，一般我们对别人点头，别人就会对我们点头进行友善地回应，即使双方并不认识，或者并不同意彼此的观点。因此，点头这个动作在构建人际关系和赢得别人肯定方面，是一种非常好的手段。

当然，点头表达的意思并不都是友好的，如果点头的频率非常快，并且超过三次，表达的意思很可能是聆听者已经失去耐心了。在双方谈话的过程中，如果聆听者在谈话者说话期间频繁、快速地点头，表达的意思可能是“快点结束你的发言吧，我已经不耐烦了”，或者是“你说的东西我已经了解了，你的观点我也十分赞成和支持，你没有必要再说下去了”，总之就是想尽快结束谈话的意思。实际上这种行为只是一种心理暗示，本质上的意思是想要结束谈话，并没有表现出对对方的任何不尊重。它所传递出的信息是“我还有其他事情要去做”，这样一来，说话的人也能理解聆听者的行为。

还有摇头这个动作。在谈话的过程中，摇头能够让倾听者辨别出语言的真假。如果对方不同意你的观点，那么他一般会摇头，如果他一边摇头一边说“我非常赞同你的观点”“你说得太对了”这样的话，很明显他没有说真话。不论他说得多么诚恳，多么真挚，都不能掩盖他摇头所表达的否定的想法和态度。也就是说，当摇头和话语表现在同一个人身上互相矛盾时，聆听者应优先相信摇头所传递出来的信息。因此，当你在和别人谈话时，如果对方对你的观点表示赞同，但是却在摇头，那就一定不能相信他的话。同时，自己在做摇头的动作时也一定要注意，如果你摇头了，就一定不要说相反的话，因为那样会让别人无所适从。

有时候，在谈话中聆听者在听了对方所说的话之后，只会轻微地摇一下头，这虽然也表达了一种否定的意思，却并不是完全否定，只要谈话者再坚持一下，或者是态度上再委婉一些，聆听者可能就不会再反对。

有一种人总是习惯性摇头，好像他对什么都不满意，对别人的观点都不赞成。他总认为自己是对的，别人都是错的，这种人在很多场合都会遭到别人的厌恶，或者是引起别人的不愉快。

不论是经常点头还是经常摇头的人，他们都有一个共同点——自我意识非常强烈。这样的人在工作中非常积极，只要看准一件事，就会用尽全力去做，不达目的绝不罢休。

头部动作多种多样，含义也很丰富

头部动作作为人身体上最被人所关注的动作，它能够准确地反映出一个人的内心世界。除了点头和摇头这两个动作，还有很多种不同的头部动作，代表着人的各种各样的心理。

头部竖直，这种动作代表的是一种中立的态度，表达的意思是不偏不倚，既不对什么东西产生兴趣，也不对什么东西有厌恶的感觉。如果头部斜偏向某个地方，就说明这个人心里面对某个事物产生了兴趣。

头部呈现出一种僵直的状态，这个动作表现出一个人特别有魄力，无所畏惧，对周围的各种事情都不屑一顾。有些时候，这个动作表达的意思也可能是“我现在非常无聊”。

把头抬起来的动作是一种反重力的行为，通常都是有意为之，传达给别人的信息是“我现在方便了，有空闲的时间了”。比如当下属进入老板的办公室时，发现老板正在聚精会神地写东西，下属只能安静地站在那里，一直到老板抬起头来，他才会说出自己的事情。当然，人们做这个动作的时候，也可能是因为有人叫他或者是他突然间想起了什么事情。

头部突然高高抬起，随后又恢复到原来的位置，这个动作表现的是一种惊讶的心理。它一般发生在我们突然碰到一个人，但距离这个人还很远的时候，表示“我很惊讶，居然能在这里看到你”的意思。

头部后仰，做出鼻孔朝天的姿态，这是一种过度自信的表现，具有挑衅意味。一般来说，一个人把头部后仰，内心的想法不是沾沾自喜、桀骜不驯、自命不凡，就是感觉自己有优越感，看不起别人，不想搭理别人。

把头低下或是垂下，这是地位低的人面对地位比自己高的人时经常表现出的一种姿态，表达“我承认我不如你”的心理。如果是一个地位比较高的人做这个动作，或者是面对地位与自己相同的人做出这种动作，表达的就是友善或谦虚。

突然间把头低下去，并且隐藏自己的脸部，这个动作表达出内心的谦卑与害羞。如果是一个心中怀有敌意的人做出这个动作，就完全不是表达谦卑和害羞的意思，而是对内心恨意的隐藏。当然，这两种情况在具体动作中是有细微差别的。如果表达的是前一种意思，人的眼神也会随着头部的低下而往下看；如果是表达后面一种意思，人依然会瞪大自己的眼睛盯着面前的人。

在谈话的时候倾听者一直低着头，这个动作表达的就是这个人内心的厌倦，说明他对谈话的内容非常反感，已经不想再听了。

突然把头转向一边，随后又回到原来的位置，这个动作叫作单侧摇头，也是出于一种否定、不赞成的心理。

头部呈现为一个半转半倾斜的状态，如果有人做出这个动作，那一定是出于一种友善的心理。人们在和路人打招呼的时候，经常会做这个动作。

头部轻轻歪斜，表达的是撒娇或是寻求保护的意思。通常幼儿会向父母做出这种动作，女性会这样向自己的配偶做这种动作。但是，如果头部在歪斜的时候，故意装出一副天真无邪或一无所知的样子，就会有一种刻意的意味，表示“我就喜欢故意把头靠在你身上”。

摇晃头部，做出这个动作的人可能正在说谎。他本来是想要压制住这个表示否定的摇头动作，但又无法彻底压制住，因此才会做出这个动作。

突然剧烈地晃动自己的头部，但是幅度不大，这个动作一般是表达一种惊讶的意思，一般出现在刚刚听到一个消息却不敢相信的时候。其中隐藏着的意思就是“居然是这样的，真是令人难以置信”。

头部朝着感兴趣的方向探过去。人在做这个动作时，可能是出于三种截然不同的心理：第一，如果是两个互相爱慕的人做出这个动作，并且深情凝望对方，表达的就是内心浓烈的爱意；第二，如果是两个冤家之间做出这个动作，并且愤怒地盯着对方，表达的就是深刻的恨意，以及互相看不起对方的心理；第三，如果一个人做出这个动作并挡住了你的视线，那么他此时就是想吸引你，希望你能够注意到他。

头部向着侧面的方向移动，或者是从感兴趣的地方移开，这属于一种保护性动作，一般是为了躲避对头部有威胁的事物。在一些特殊的情况下，做这个动作也是为了掩饰和隐藏自己的身份和表情。

突然间缩回伸出去的头这个动作，表达的是回避的意思。人们在做这个动作时，可能是看见了非常吓人的东西，也可能是看到了不该看的东西，心里面感觉很不好意思。

动嘴巴和动下巴是什么意思

嘴巴是一个十分重要的器官，“祸从口出”这个词语就能充分说明嘴巴给生活带来的重要影响。心理学家同样对人类的嘴巴动作非常感兴趣，他们认为嘴巴是人类重要的情绪表现工具，不同的嘴部动作或多或少能够折射出一个人的性格特点和心理状态。

舔嘴唇这个动作表达的是友好或者同意别人观点的意思。如果一个人在说话的时候经常舔自己的嘴唇，说明他可能当时口干舌燥，也可能是因为他正在压抑着内心的紧张或兴奋。

舌头在口腔内打转这个动作，表达的是不同意别人的意思，但是因为某些原因不想用语言把自己的真实想法表达出来。

“嘴唇紧闭，下唇干燥”“压紧下唇，故意表现出一种紧张的状态”“上下牙用力咬住，使两颊的肌肉发生颤动，像是抽筋一样”，这三个动作表达的也是不同意的意思。

咬嘴唇。人们在谈话中咬嘴唇，说明他正在非常认真地听别人说话，也可能是在心里仔细分析着对方所说的话，同时和自己进行对照，还有可能是正在进行自我谴责、自我反省。

把嘴巴抿成“一”字形。做出这个动作的人，一般都面临着紧急的事情，需要做出重大决定，也可能是他正在深思熟虑。这样的人通常非常坚强，遇到什么事情都能勇往直前，从不退缩。

嘴角向后微微拉伸。如果一个人在与别人谈话时做出这个动作，说明他正在认真听别人说话，注意力非常集中，对当前的话题很感兴趣，此时没有任何其他想法。

嘴唇撅起。人在做出这个动作的时候，可能是对接收到的信息持怀疑的态度和防卫的心理，也可能是想要向别人撒娇，还有一种可能是这个人现在很生气。

下嘴唇向前撇。在谈话中，这个动作表明这个人对对方所说的内容并不相信，甚至是嗤之以鼻，还想立刻找到证据来反驳。一般来说，做这个动作的人内心中渴望能够听到真实信息。

嘴角微微向上。做出这个动作的人，一般是想到了一些让自己感到高兴或者忍俊不禁的事情。

嘴角向下撇。做这个动作的人，一般都非常固执。他们古板、内向，无论面对什么事情都坚持自己的想法，不管自己的想法是对的还是错的。如果一个人在谈话中做出了这个动作，说明他对对方所说的话和表达的想法非常不屑，也不赞成，甚至根本就没有认真听对方所说的话。

缩起嘴巴。经常做这个动作的人，一般都是疑心很重的人，他们经常封闭自己。如果一个人突然做出这个动作，说明他正在因为怀疑某些事情而进行思考，还有可能是因为突然受到了别人的批评，一下子闭紧嘴巴封闭自己的内心。

嘴巴紧闭。在谈话过程中，一个人如果做出这个动作，可能是因为他不想暴露出自己的真实想法和态度，不想让别人看出自己的喜怒哀乐，以及对话题是否有兴趣。也可能是因为他对当前谈论的话题并不感兴趣，或者并没有一个明确的态度，这个动作恰好就表现出了那种无所谓的态度。如果是在倾听别人秘密的时候做出这个动作，它也可能表达“我会守口如瓶的”的意思。如果是在面对突发情况的时候嘴巴做出这个动作，则说明当事者眼下非常冷静，正在认真处理这件事情，并没有慌张。

嘴巴合不拢。做出这个动作的人，可能是因为某些事情的发生满足了他的虚荣心，因而感觉自己特别有面子，特别有成就感。其内心想法一般是“我真是太厉害了”。

嘴唇僵硬或者是歪斜，这是一种焦躁不安的表现。一般做出这个动作的人很可能是遇到了麻烦，或者是身处困境，内心焦虑，总是感觉有什么不好的事情要发生。

吐舌头。突然做出这个动作的人，如果不是对别人做鬼脸，或者是因为吃到什么东西被刺激到了，那就说明他正在撒谎或者是吹牛皮。

嘴巴张开，并且露出牙齿。这个动作表明人的情绪在突然之间发生了变化，很可能是因为对某件事情产生了兴趣或者是感到非常吃惊。如果是前者，嘴巴张开的幅度不会很大；如果后者，那么嘴巴张开的幅度就会比较大，并且下巴也会跟着下垂。有时候人突然做出这个动作，也可能是因为受到了惊吓，这时不光是嘴巴会出现这个动作，面部其他器官也会有相应的惊恐表现。

谈话时用手掩盖嘴巴。人们在做出这个动作的时候，可能是因为什么事情而感到害羞，不想让别人看见自己的丑态；也可能是在做了某一件事情之后，不想让别人知道而自我掩饰；还可能是表示自己对自己做过的某些事情非常后悔；最后还有一种可能，就是对对方心存戒心。达尔文曾经说过：“以手掩嘴是一种吃惊的姿势，说出话后突然以手掩口的人，暴露出一种从自我怀疑到完全说谎的思绪。”

说话时口齿不清，反应也非常迟钝。一个人不存在生理缺陷而突然出现这种情况，如果不是有意为之，就是因为受到了严重的惊吓和刺激而不敢再去回想和诉说。

在谈话的时候突然清嗓子，并且声调也跟着改变，说明这个人对自己说出的话并没有把握，或表明他所说的话仅代表自己的观点。还有可能是为了引起别人的注意，一个人说话时如果别人没注意听，突然间做出这个动作，可以达到吸引别人注意的目的。

和嘴巴一样，下巴的各种动作同样能够代表人的不同心理状态。但是，有一点不一样：嘴巴能做的动作非常多，而下巴能做的动作非常少。下巴的动作基本上只有两种：一种是朝上抬高，另一种是朝下紧缩。

在不同的场景下和环境中，下巴动作表现出的人的心理状态也不相同。

下巴朝上、抬高。一个人如果做出这个动作，可能是为了在别人面前找到优越感和自尊心；为了威胁别人，显示一下自身的能力和气势；为了表达鄙视和轻视别人的意思；还可能是因为在和比自己地位高的人谈话时，心绪不宁，为了给自己一些心理安慰，让自己觉得和对方处于平等的地位。

下巴朝下、紧缩。一个人如果做出这个动作，可能是因为他觉得自己有危险，并且想要回避这个危险；如果是在谈话中做出这个动作，说明这个人内心非常坚定，不会轻易改变。

笑容暴露真实想法

笑是最常见的面部动作之一，通常被认为是表达自身开心和快乐的信号。心理学家认为，笑是人类最古老的交流方式之一。我们每个人都会笑，但是很少有人能够明白别人笑容背后的真正含义。比如说你走进一个商店或者是饭店，服务人员肯定是笑容满面地对你说“欢迎光临”。在这个时候，你能知道这些服务人员的笑到底是发自内心的还是职业性的吗？面对各种各样的笑容，我们越来越难分辨出哪些出自于真心。心理学家对此也做出了解释，他们认为笑是人们心理的反映，不同的笑容背后，往往都隐藏着不同的秘密，一旦我们掌握住这些秘密，就能在人际交往和沟通当中游刃有余。

捧腹大笑。捧腹大笑是最夸张、最欢乐的一种笑，人的身体动作很夸张，原因可能是遇到了极可笑的事。捧腹大笑是极少见的，事实上这个词是一个形容词，即形容笑得不能控制自己的身体。“捧腹”两个字虽然表明大笑者有所收敛，但捧腹大笑这个动作仍是非常夸张。所以，经常捧腹大笑的人心胸开阔，不会刻意去掩饰自己内心的情感，无论做什么事情都是出自真心，为人有幽默感，能够给别人带来快乐。为人正直，不势力，不虚伪，不嫌贫爱富，不欺软怕硬，不攀龙附凤。如果一个人突然间捧腹大笑，可能是因为正处在一个令他非常开心的环境中，也可能是碰到了一件非常有趣的事情，还有可能是因为自己讨厌的人受了很大的惩罚。

开怀大笑，即笑得前仰后合。经常开怀大笑的人，内心充满了热情和真诚，做什么事情都能百分之百投入，不会优柔寡断，但是一旦遇到打击，情绪很可能会变得非常低落。如果一个人突然开怀大笑，那么很可能就是碰到了一件非常符合他心意的事情，他的内心感觉到了满足，也有可能是他的某个目的达到了，心里产生了一种自豪感。

开口大笑。经常开口大笑的人都是非常大方的，但是往往缺乏耐心，遇到困难常知难而退。开口大笑实际上不是正常方式的笑。

狂笑。经常狂笑的人会有两极化的倾向，对熟人非常友好热情，对陌生人则非常冷漠和木讷。

笑声非常大。捧腹大笑、开怀大笑、开口大笑和狂笑，笑声都比较大，但都是无意识的，而这里所说的大声地笑是有意的行为。一个人突然发出很大的笑声，如果不是因为天生声音就比别人大，那一定是想要吸引别人的注意。

笑得身体摆动幅度非常大。如果一个人笑的时候身体摆动幅度非常大，有时候甚至全身都跟着颤动，那这个人可能是在刻意地表演，希望引起别人的注意，也可能是碰到了一件让自己欲罢不能的事情，单凭笑已经无法表达出自己的全部情感了。

笑不可遏。一旦笑起来就停不下来，这样的情况大多发生在熟人之间，或者说是损友身上。如果一个人突然间笑个不停，说明他可能看到了自己好朋友的趣事，或者陷进自己的“算计”中，他感觉非常高兴。但是要注意，这种笑并不带有嘲笑、讽刺或鄙视的意味，只是朋友之间相处的一种方式。可能发出这种笑的人当时心里面想的是“我想和你开一个玩笑，没想到你真的上当了”。

笑出眼泪。出现这种情况通常有两种原因：一种是碰到一件非常好笑的事，这种笑容是在说“我不行了，太好笑了”；还有一种就是多年不见的亲人或朋友再次见面很开心，这时候的笑容和泪水都是内心激动的表现。

微笑。这应该是最常见的笑的方式。一个人突然微笑，会有很多原因，可能是心里面突然想到了一些让自己感到高兴的事情；也可能是在路上见到了一个不是很熟悉的人，不知道应该怎么样打招呼；还有可能是碰到了一件非常高兴的事情，但是性格和所谓的教养不允许他开怀大笑；最后有可能本来非常不高兴，但是突然碰到了强于自己或者和自己非常亲近的人不得不微笑。

小心翼翼地偷笑。通常来说，人如果出现这样的笑容，很可能是在背后议论或嘲笑别人，总之不想让自己的笑被别人看到或听到。

小心窃笑。发出这种笑的人，很可能是因为很多人都想得到的东西被自己得到了，心里很高兴，但是又要控制自己，不想让别人知道。

眯着眼睛笑。做出这个动作的人，一般都是因为心里有什么阴谋，并且这个阴谋正在顺利进行。还有可能是出于因为准备看好戏的心态。

附和着别人笑。出现这种情况时，一般是因为人们在面对一些地位比自己高或者能够决定自己命运的人，人家笑了，自己也只能讨好人家，跟着附和。

紧张的笑。人出现这样的笑容时，内心往往是非常矛盾的，因为他不知道自己到底应不应该笑，周围的人也不能给出任何的提示，使得他整个人变得非常紧张。

掩口而笑。这样笑的人很可能是因为碰到了一件让自己非笑不可的事情，又不想让别人知道自己笑了，或者是在公共场合，不想影响到别人，所以才会用手捂住自己的嘴。

“哈哈哈”的大笑。一般发出这种笑声的人，一定是碰到了一件让自己感到非常高兴的事，突然间觉得周围的一切都顺眼了。另外，发出这种笑声的人精力一般非常充沛。

“吃吃吃”的笑。发出这种笑声的人，心里不见得是真的高兴，但是因为处在一个洋溢着欢乐的氛围中，所以才不由自主地发出这样的笑声。还有一种可能是遇到了自己完全中意的人时，心中非常向往，也会发出这样的笑声，并且当事人自己未必能感觉得到。

“呵呵呵”的笑。发出这种笑声的人，可能心里已经感觉到不耐烦了，但是又碍于面子，所以想应付一下；也可能是不想暴露自己心中的真实想法，想这样一笑而过；还可能是心里有一些茫然，不知道应该如何做；最后一种可能是心里非常失落，但是不想让别人看出来，所以用这样的笑声来掩盖一下。

“嘿嘿嘿”的笑。这是一种冷笑，人如果发出这样的笑，往往是在心里对别人产生了一种轻蔑或鄙视的心理，也可能是在批评别人时不经意出现的一种举动。总之，发出这种笑声的人内心一定是不平静的，甚至可能很烦躁，想要用这样的笑声让别人也感到压抑，从而使自己得到心理平衡。

“嘻嘻嘻”的笑。这种笑可以叫作娇笑，基本上出现在女性身上。当人在发出这种笑声之后，多半是为了吸引别人的注意，让别人能够关注自己。

假笑。对于假笑人们很容易就分别出来。假笑者基本上只会张嘴发出“哈哈哈”“呵呵呵”等声音，完全没有其他的表情。发出这种笑的人，基本上就是为了应付一些人或适应某种场合，实际上他们心里根本没有一点儿想笑的意思。

鼻孔张大，说明内心恐惧

在正常的情况下，鼻子能产生的表情或动作是非常少的，因为它不能像眼睛和嘴巴那样开开合合，所以基本上没有人会去刻意注意别人的鼻子，因此在观察和分析他人心理的过程中，人们总是无意识地忽略掉鼻子。但是实际上，鼻子在我们对一个人的观察和分析能起到很大的作用。

曾经有一位日本的整容专家说过："一个人如果接受了隆鼻的手术，那么原本性格内敛的人，往往会变成性格倔强的人。"很多人对他的这种说法嗤之以鼻，认为这是无稽之谈。从实际情况来看，他的这种说法确实不科学，但是有一点却是对的，那就是鼻子的变化代表人心理的变化。从现代医学的角度来说，因为鼻子是呼吸的重要通道，所以鼻子一旦发生变化，说明人的呼吸也发生了变化，而呼吸发生变化的直接原因是人的心理发生了变化。所以说鼻子形态变得不同，那么人的心理也一定发生了变化。

一般来说，鼻子的变化表明一个人的心理情绪好坏。所以，如果一个人的鼻子发生了一些微小的变化，并且被你发现了，那么这个时候你最好不要去打扰他，因为很容易被迁怒。

小张和小王在同一个公司上班，有一天，小张下班要走的时候，看见女同事小王从老板的办公室里走出来，一脸沮丧，并且鼻孔张大，鼻翼翕动。小张和小王两个人平时关系不错，所以小张想像平常一样跟小王打个招呼，于是叫了一声小王的名字，但是小王没有搭理他，就像是没听见一样。小张以为小王真的没有听见，于是就用手拍了她一下。谁知小王突然间反应很大，火冒三丈地瞪大眼睛对小张大声说："你干什么，离我远一点儿！"

小张十分惊讶，不明白小王为什么会有这么大的反应，这和她平时的性格一点儿都不一样。愣了好半天之后，他才反应过来说："我没什么别的意思，就是想和你打个招呼，看你心情不好，关心一下而已。"小王在听了小张的话之后，突然哭了起来，并且说自己打算辞职了。小张很不理解，问小王到底怎么回事，原来小王因为被老板批评了几句，心情不好。

这个事例说明，鼻子发生变化的同时，人的心理也在发生变化。小张由于不知道小王的心理变化才"无缘无故"触发了小王的怒火。心理学认为，鼻孔张大表明一个人的精神非常亢奋，内在情绪非常不稳定，一触即发。这种内在情绪或者是极度高兴，或者是极度愤怒，也可能是极度恐惧。鼻孔张大的原因是呼吸气流变大，这说明人的呼吸变得急促。呼吸急促的原因，如果不是因为身体原因，就一定是因为心理突然发生了极大的变化。

小张看到小王的时候，她的鼻孔恰好就是一副张大的样子，看来她当时的情绪是非常不稳定的，很可能是因为老板对她的批评，让她心里产生了恐惧，所以小张跟她打招呼的时候才会出现那种反应。

当然，从实际的情况来看，鼻子的变化虽然少一些，但是也不至于只有鼻孔张大这一种变化，另外鼻子还有几种变化，也能够体现出一个人的心理变化。

鼻子的颜色发生变化。一般说来，鼻子的颜色是很少发生变化的，一旦发生变化，说明人的心理一定是发生了巨大的变化。如果人的整个鼻子突然变得苍白，说明此时这个人的心中充满了恐惧，或者极度焦虑。至于焦虑的原因，可能是他遇到了一件非常棘手的事情，他的内心非常犹豫，或者有一些顾虑。即便是那些在商场上呼风唤雨的大人物，也会出现这种鼻子变白的情况。有的人向异性告白被拒绝时也会出现鼻子变白的情况，这时，他的内心会感觉非常伤心和失望，自尊心受到了伤害，当然也可能会产生一些愤怒和不理解的情绪，认为自己不应该被这样对待。另外，鼻子忽然变白还可能是因为心中非常迷惑、尴尬不安或有负罪感。

鼻头冒汗也是一种常见的现象。这里要说明一下，有些人因为生理上的一些原因鼻头经常冒汗，这种情况不在我们讨论的范围内。我们在这里说的是没有这种体质，鼻头却出现冒汗的情况。一般来说，谈话中的一方出现了鼻头冒汗的情况，说明此时他心里非常焦虑或紧张。这里也分为两种情况：一种是双方有某种利益关系，鼻头冒汗的一方想尽快达成协议，否则就会遭受不可估量的利益损失，他的心里非常焦急和紧张；另一种是如果双方不存在利益关系和冲突，一方突然鼻头冒汗就说明他心里藏着某些不可告人的秘密，冒汗是紧张的表现，或者是因为做错事而有负罪感，冒汗是惭愧的表现。

还有一种现象是皱起鼻子。人在做出这个动作时，通常都是因为遇到了麻烦，心里非常不高兴，或者心里产生了强烈地不满。

两条眉毛，几种心思

眉毛是我们脸上一个非常重要的器官，最起码爱美的女性在化妆的时候从来不会忘记对眉毛的打理。在美学研究者眼中，一个人要想使面部达到协调，对眉毛的改变是不可或缺的。在古人的眼中，眉相是鉴别一个人内在特质的重要依据，古人甚至认为“眉主早成”，认为它是决定人们先天命数的重要条件。而在心理学家眼中，眉毛是判断一个人喜怒哀乐等心理状况的重要依据。

一般情况下，人们重视的只是眉毛在美学中的作用，也就是它对人们面部是否美观所起到的修饰作用，很少会有人关注眉毛的变化所透露出来的心理变化。但是，在我们博大精深的汉语文化中，许多词语证明了这一点，比如“喜上眉梢”“眉目传情”“眉开眼笑”“眉飞色舞”“愁眉苦脸”等。这就说明，眉毛在形态上的变化能够表现出人的心理变化，这是实实在在的、不容置疑的。

首先是低眉。一个人之所以会下意识地压低眉毛，通常是为了防备心里感觉到的某种危险。随着自身所感觉到的危险的加重，人的眉毛会压得越来越低，最后变成一种眉毛和面颊上下挤压的面容。一般情况下，人们只会在受到强光照射时做出这种表情。如果没有强光照射，人却做出了这样的动作，那么这个人的内心一定发生了非常大的变化，有非常激烈的反应，比如极度悲伤、极度快乐、恶心等。眉毛压低这个动作分为压低一半和完全压低两种：如果人的眉毛半压低，说明此时他对某些事情感到不能理解；如果完全压低，说明他已经愤怒到了极点，恐怕要不能控制了。

皱眉。皱眉时人的心理可能会有很多种，比如惊奇、错愕、怀疑、诧异、否定、期盼、疑惑、愤怒、不知所措、傲慢、恐惧、不解、正在思考事情等。如果在皱眉的同时，还伴随着凝重和忧虑的表情，说明当事者此时对自身以及周围的现状感到非常不满，想要离开却没有办法。如果一个人明明正在大笑，眉毛却是紧皱的，那就说明此时他的心里有些惊讶，不过惊讶的程度非常轻，可能只是一丝一毫。

蹙眉。蹙眉是轻度的皱眉。如果一个人做出了这个神情，说明他的心里有轻微的恨意，或者不满、愤怒。李白有一首诗中就曾经写道："美人卷珠帘，深坐蹙蛾眉。但见泪痕湿，不知心恨谁。"这里的美人蹙眉，就表现出她内心的愤怒和怨怼。某人与另一个人的关系非常亲近，后者出现了一些问题，前者可能会蹙眉，但这时的蹙眉表达出的是发自内心的关切。

耸眉。耸眉指的是眉毛先扬起，然后停留片刻，随后再下降。人在做出耸眉的动作时，心里一般是很不愉快的，也有可能是轻度惊奇的表现，还有可能是在表达内心的无可奈何。如果是谈话的一方做出了这个动作，那他的意思就是要提示聆听者重点就要来了，耸眉是一种变相的强调。

扬眉。扬眉就是眉毛向上扬起且维持较长时间，不像耸眉那样立刻下降。这个神情分为两种：即单眉上扬和双眉上扬。如果一个人突然单眉上扬，说明他对别人说的话不理解，或者是有疑问。如果一个人突然双眉上扬，说明他的心里非常高兴或非常惊讶。按照眉毛抬高的程度，扬眉这个动作还可以分为半抬高和完全抬高两种。如果人的眉毛半抬高，说明他非常吃惊；如果是全抬高，说明他心里对某些事情感觉难以置信。

吊眉，即眉毛像个“八”字。这是一种夸张的表现，表明人的心里非常悲痛，自己已经无可奈何、身心俱疲了。

眉毛闪动。这个神情眉毛先上扬，然后迅速下降，时间可能不到一秒。人们在做出这个神情的时候，通常都是心情愉悦的，并且这个神情大多发生在一个人在和亲密的人打招呼时。如果是在说话的时候做出这个神情，目的就是要强调自己说出的某一个字或词语，就好像是在说“刚才我说的这个非常重要的”一样。

眉毛斜挑。这个神情实际上就是两条眉毛一条向下低垂，一条向上扬起。这是一个非常特别的神情，它介于低眉和扬眉之间，一边会显得慷慨激昂，一边又会显得恐惧深沉。人出现这个神情时，通常代表他当时有一种怀疑和不确定的心理，非常纠结，不知道该不该相信自己接收到的信息。

眉毛打结。两条眉毛要纠缠在一起一样，给人的感觉是非常激烈的。如果不是因为身体上的疼痛，做出这个神情的人心里往往有很多的烦恼和忧虑，并且完全没有头绪，不知道该如何解决。

眉头紧锁。这个神情和眉毛打结的神情非常接近，区别是眉毛打结时双眉是上扬的，而眉头紧锁时却不是。与皱眉也比较接近，区别是锁眉持续的时间一般比较长，皱眉持续的时间很短，可能只是皱一下。当有人眉头紧锁时，说明他的心里面非常忧郁，总是因为一些事情而感到忧心忡忡；也可能是因为他对于某些事情犹豫不定，不知道应该怎样去选择。

眉心舒展。这个神情很容易理解，实际上“舒展”这个词语就已经说明了问题，它代表的是不纠结，有条理，有逻辑。如果一个人眉心舒展，说明他的心情是非常愉悦的。

既然眉毛的变化能够反映出的信息如此精彩，我们应该更加认真地观察别人的眉毛变化，正确分析出他们的心理状态。

眼睛是心灵的窗户

人的衣食住行都离不开眼睛。人们穿衣服需要看衣服是否合适；吃东西需要先看食物是否新鲜；买房子需要看周围是什么样的环境；走路就更要看清路况了。如果我们的眼部出现不适，一般心里也不会感觉惬意。比如在漆黑的夜晚走路，我们的眼睛的可视距离非常短，在这种情况下，大多数人的心里都会出现一种恐惧感。从这一点来看，眼睛和我们的内心状态有着密切的关系。

实际上这一点早已深入人心，一个强有力的证据就是“眼睛是心灵的窗户”这句话。孟子曾经说过：“存乎人者，莫良于眸子。眸子不能掩其恶。胸中正，则眸子瞭焉；胸中不正，则眸子眊焉。听其言也，观其眸子，人焉廋哉？”这句话的意思就是眼神明亮的人，心中就正直，眼神昏暗的人，心中就不正直。这也说明了眼睛和人的心理的紧密关系。

这种说法是有一定的科学依据的。医学研究表明，眼睛是大脑的延伸，眼睛底部的三叉神经元就像是大脑皮质细胞一样，有很强的分析与综合能力。眼睛的各种变化，比如瞳孔的变化、眼珠的转动、眼神和视线的改变，都受大脑神经的直接支配。配合眼部的其他动作，比如眼皮的张合等，心里的各种情感或想法，自然就从眼睛中表现出来。并且，眼睛所反映出来的心理内容，比言行流露出的更加真实。因此，心理学家认为，如果想要了解一个人的真实心理，就要盯住他的眼睛，不能放过一丝一毫的变化。

美国思想家爱默生曾经说过：“人的眼睛所说的话和嘴巴一样多，我们无须查字典就可以从别人眼神的语言中了解到整个世界。”

我们都知道，眼睛周围的肌肉要比脸部其他部位的肌肉更加发达。这一方面是因为眼睛比其他部位更加脆弱，发达的肌肉才能保护眼睛不受到外界的伤害；另一方面，发达的肌肉使得眼睛部位本能的动作的反射性得到加强，使眼睛更能直接地反映内心活动。所以，我们想要知道别人心里的想法，就必须要仔细观察他眼部的动作和变化。

眼睛斜瞟。这种表情经常让人误会，因为如果有人用这种眼神来看我们，我们总会觉得他们没有拿正眼看我们，所以很生气，甚至是愤怒。实际上这是一种错误的理解，这样的眼神大多发生在女性身上，并且基本是女性用来看男性的眼神。如果你是一个男的，有一个女性在第一次看到你时就用这样的眼神，那么恭喜你了，这说明她心里是喜欢你的。这个时候她的内心活动是“这个人还不错，挺帅的，我很喜欢，但是我要矜持一些，就这样偷偷打量吧”。如果是一个男人突然这样看你，那么他不是看不起你。

眼睛上扬。这是一种假装无辜的表情，如果一个人真的很单纯，他也会自然地做出这个表情。这种表情一般出现在被别人指责的时候，不管别人的指责是否正确，被指责的人都会做出这个表情，以此来显示自己的无辜和清白。也就是说，当一个人做出这个表情的时候，他心里一定觉得自己是冤枉的，不应该受到指责。这个表情大多时候不会单独出现，而是配合着耸肩的动作一起出现。

眼睛上吊。这是心机非常重的人经常做出的表情，说明他的心里正在算计着某些事情。当然，还有另一种可能，那就是做出这个表情的人不敢正视别人，心里有很深的自卑感。

眼睛下垂。那些自私自利、非常任性的人，经常做出这种表情。如果一个人做出了这个表情，说明他不是很友好，甚至对别人怀着轻蔑的态度；如果是朋友之间出现这种表情，则说明他根本不关心自己的朋友。

挤弄眼睛。通常这种表情的含义是“我需要你的配合”。比如几个人在一起时，一个人以开玩笑的心态去欺骗另一个人，这时候他就会向其他人挤弄眼睛，希望那几个人不要揭穿他。挤弄眼睛的事通常发生在非常熟悉的人之间，或者是小孩子身上。如果是一个小孩子对你挤弄眼睛，说明他喜欢你。另外，人在做鬼脸的时候也会挤弄眼睛，这时候表达的只是单纯地想逗别人开心。

眨眼睛。这里说的眨眼睛并不是平时所说的眨眼动作。一般的眨眼动作是轻柔的，而这里所说的眨眼睛则是非常用力的。另外，一般的眨眼和眨眼睛的频率也是不同的，眨眼睛的频率要快得多。眨眼睛可以分为几种情况：如果有人在面对你的时候快速眨眼睛，这是在告诉你“什么事情都可以商量”，还有可能是在告诉你“有些事情可以说出来，有些事情不能说出来，该保守的秘密一定要保守”。如果你看到一个人脸部朝下，旁若无人地快速眨眼睛，那他可能是情绪非常激动，很希望能得到别人的安慰。如果一个人眨眼睛的频率不是很快，但是幅度却非常大，说明他不相信自己看到的一切，觉得自己眼睛花了，想要再看清楚一些。

眼珠转动和瞳孔变化表示什么

眼睛不仅是人们脸上最重要的器官之一，也是最灵活的器官之一。这种灵活主要体现在眼珠的自由转动上。前面说过，眼部的各种动作和表情都能反映出一个人的心理，眼珠的转动当然也不例外。

一个小实验足以说明问题：如果让你面对着摄像头思考一下今天应该吃什么，一会出去要穿什么样的衣服，以前的某个同学长什么样子。事后观察录像，你会发现自己的眼球其实是在运动的。这就充分说明眼珠在转动的同时，我们的心理其实也在不断地发生变化。

心理学家经过长期的研究总结出了眼珠的转动方向和心理变化之间的关系。如果人的眼珠向上运动，说明他正在思考，或者是回忆过去，或者是在展望未来；如果眼珠停在中间不动，说明他正在聆听，可能是音乐，也可能是别人说的话；如果眼珠向下运动，说明他的身体产生了某些不好的感觉。从感官功能上说，眼睛向上运动时的内心活动侧重于视觉和影像，眼睛停在中间时的内心活动侧重于听觉和声音，眼睛向下运动时的内心活动侧重于触觉和身体。

下面我们具体分析一下，看看眼珠朝不同方向转动都揭示了怎样的心理。

向右上方转动。当人的眼珠向右上方转动时，说明他正在进行视觉想象。这个时候想象的内容并不固定，但整体而言有一个方向，那就是所有的想象指向未来，比如想象着以后这个世界会变成什么样子、会出现什么自己没有见过的东西等。这种行为用一个的词语形容，就叫作“白日做梦”。当然，这种白日做梦想象出来的东西，很可能会变成这个人去创造新事物的动力。

向右下方转动。眼珠向右下方转动时，人的内心感受多数出自身体的接触或者是情感的触动，比如郁闷的感受、恋爱的滋味、碰到某种东西的感觉等。这些感觉和触动并不是固定的，也不止一种，却都属于切身感受。

向左上方转动。当人的眼珠向左上方转动时，说明他正在进行视觉回想，即我们所说的回忆。这种回忆的内容也不是固定的，却都是过去发生过的事情，比如昨天吃了什么、去年的今天自己在做什么等。与人谈话时这个动作也会经常出现，它表明一个人正在努力回想对方之前说过的话。

向左下方转动。这种情况表明听觉在发生作用，一般表示正在认真听别人说话，或者是认真听某些歌曲。当然，这些话必须是能够直击内心的，比如鼓励性的话、表扬的话，歌曲也必须是聆听者所喜欢的。

眼珠左右运动。出现这个动作通常有两种情况：一种情况表明内心的激烈运动，比如正在绞尽脑汁思考着什么东西，这种情况一般都出现在人们面对一些需要马上解决的问题时；另外一种情况则表明内心在戒备某些事情，这时人非常希望所有事情都掌控在自己手中，从而稳定自己的心情。

如果一个人的眼珠停止运动，说明他在思考某些事情，思考得非常入神，甚至可能不知道自己到底在想些什么。还有一种可能是不舍得移开自己的眼睛。

除了以上这些，眼珠的转动还有速度的区别。当一个人的眼珠不停地转动，他的内心一定非常紧张，很可能正在说谎。眼珠快速转动，也可能是因为他的内心正在发生着激烈的斗争。如果一个人的眼珠是缓慢转动的，说明他的心里没有什么明确的想法，感觉无所事事，非常无聊。

当我们了解了眼珠转动的规律之后，就能比较容易地分析出他人的内心活动。

不仅仅是眼珠转动的动作，瞳孔的变化同样可以作为我们判断别人内心世界的重要依据。在一般情况下，我们不能控制瞳孔的变化，但当我们的内在情感发生改变的时候，瞳孔的变化在一定程度上是受我们自身控制的。当然，这种控制并不是说我们想怎样就怎样，而只是说瞳孔会随着我们内心情感的改变而发生变化。

早在中国古代，人们就已经知道怎样根据瞳孔的变化来解读人的内心了。比如在古代卖珠宝的商人们，在和顾客讨价还价的时候，他们会仔细观察顾客瞳孔的变化，以此判断顾客到底喜不喜欢他们的东西，或者是到底什么样的价位才能够被顾客接受。

瞳孔的变化主要有两种情形，分别是扩大和收缩。当一个人瞳孔扩大时，说明他正处在愉快、兴奋、欢乐的状态中。这时，他的内心热血沸腾、激情四射，瞳孔有可能会扩大到三倍、四倍，甚至是五倍。另外，人的瞳孔突然扩大，也有可能是因为内心出现极度恐惧。如果人的瞳孔忽然缩小，说明这个人正在生气，或者心态消极，心里充满悲观和失望，万念俱灰。还有一种情况是一个人的周围很热闹，但他的瞳孔没有发生任何的变化，这说明他对各种事情都漠不关心，感到非常无聊。

只要我们能够准确掌握瞳孔变大和缩小的规律，当我们在和别人谈话的时候，注意观察对方瞳孔的变化，就能准确把握住对方的心理变化了。

眨眼能展现人的内心世界

在眼部的各种变化中，有一种变化经常会被我们忽略，这就是眨眼。眨眼这个动作相信大家都知道，我们每个人每天都要做无数次，这也正是人们容易忽略它的原因。在人们的印象中，高频出现的就是不可或缺的、不可改变的、没有任何讨论意义的。实际上这是一种错误的想法，眨眼这个动作虽然普遍，它所包含的信息却非常多。特别是眨眼频率的改变，它揭示出我们内心各种情感的转变。

研究表明，人们正常的眨眼频率应该是每分钟十次到十五次，每次闭眼的时间是十分之一秒。一旦这个频率发生变化，说明人的心理一定发生了某种变化。

如果一个人闭眼的时间远远长于正常情况，说明他不想看到某些东西，想要回避眼前的事物。可能因为他已经感到厌倦或无趣。另外，有些人做出这个动作是因为他们觉得自己高人一等，看不起别人。有时候这个动作也是在表达心中对某个人感到厌恶。

实际上这是一种无意识的行为。也就是说，除了刻意表达对某个人的讨厌和鄙视，人们一般不知道自己眨眼的动作发生了变化。

因此，如果对方做出了这样的动作，你就应该明白自己不能再继续说下去了，因为对方完全没有兴趣，根本不想继续听下去，就算是你说得天花乱坠，也没有任何的意义。如果对方闭眼的时间变长，那么不好意思，你可以结束这次谈话了，因为在对方的心里，最希望的就是你抓紧时间从他的视线当中消失。如果对方在闭上眼睛之后就不睁开了，那么他心里想的已经不是你应该在他面前消失了，而是你已经没有存在的必要。如果你这个时候还在滔滔不绝地说下去，那么就等着接受逐客令吧。

只要对方出现了眨眼时间过长这个动作，你就应该考虑是不是自己的说话方式有问题了，或者是选择的话题不对，进而想办法改变说话方式或话题。如果你发现对方是出于显示自己的高傲以及对你的蔑视而眨眼，那就不用去想改变自己的话题和说话方式了，因为那些全都是无用功。

有一种人总是喜欢向别人眨眼睛，这样的人一般都非常自信，觉得自己非常有魅力。而向别人眨眼睛就是为了展现出自己的魅力，让别人注意到。这种情况多数是发生在男性身上。如果一个女人在和一个男人擦肩而过时发现男人微笑着向自己眨了眨眼，就可以判断出这个男人是在向自己展现“魅力”。一般来说，喜欢向别人眨眼的男人都认为自己很有魅力，觉得自己是一个大帅哥，所以才通过向别人眨眼睛的方式来展现自己。

他们所想的帅气和魅力都是臆想的结果，可能并非事实。但是我们要知道一点，就是这种人在对别人做出眨眼这个动作时，心里非常有自信。

如果你是一个女人，当有人对你眨眼时，你就应该知道他心里希望你注意到他；如果你是一个男人，当有人对你眨眼时，你就应该知道他希望你羡慕他的魅力。

不同的眼神、目光、视线代表什么

眼神就是眼睛的神态，它也是多种多样的。不同的眼神表明人的不同心理状态。

当一个人不停地眨眼睛，并且用既友好又坦诚的眼神去看另外一个人的时候，说明他很喜欢对方，心中没有任何防备和怀疑。如果是在对方犯了一个明显的错误或失误之后用这样的眼神去看对方，说明他根本没有怪罪对方。

当一个人眼神像水一样沉静而清澈时，说明他的内心充满了浩然正气，非常豁达，像是要把自己心中的那股正气和魅力全部都展现出来一样。

如果一个人的眼神明明很清澈，却一点儿也不沉静，反而是游移不定的，很可能说明其内心是奸猾和狡诈的，说不定正在考虑对别人不利的事情。

眼神沉稳安详的人，一般性格都是稳重和谨慎的，不论任何时候，他们的心里面都会坚持自己的信念和态度，绝不会动摇。

软弱的眼神说明一个人缺乏判断力和分析力。如果有人流露出了这种眼神，说明他内心正不知所措，完全没有主意。

浑浊的眼神一般为那种粗鲁、猥琐、庸俗的人所拥有。如果一个人出现了这样的眼神，还有可能说明他的心里非常混乱，不理解为什么会出现一些事情，为什么自己不能解决。另外，如果一个人喝酒喝多了，也可能会出现这种眼神。

一个人表现出异常深沉的眼神，说明他是对某些问题产生了疑问，也可能是因为别人做的某些事伤害到了他，他怨恨至极。如果是和别人第一次见面就出现了这样的眼神，可能是因为之前听说过一些关于对方不好的传闻，在心里先入为主地讨厌对方，不信任对方，并且始终保持戒备。

略带阴险并且发亮的眼神。出现这种眼神的人，心里一般都充满不信任感和戒备。如果双方第一次见面时有一方出现了这种眼神，这种不信任感和戒备可能会比较轻。如果被某人因谣言而误会，被误会者向这个人解释真相时出现了这种眼神，说明解释者心里已经恨死了那个造谣的人。如果是男女双方见面同时出现了这种眼神，说明双方都不喜欢甚至讨厌对方，对对方都抱有一丝敌意。如果你是女人，并且穿着奢华，打扮耀眼，一些男人可能会出现这样的眼神。

没有表情的眼神。一般人认为这种眼神说明这个人没有任何烦恼，对别人没有任何不满。这种说法有一定的道理，但是概括得并不全面。当一个人出现这种眼神的时候，很有可能是在冷静地思考着什么问题，还有可能是内心不安，对自己的现状感到十分不满。如果是在情侣之间出现了这样的眼神，说明其内心存在深深的不满或充满受到不公正对待的委屈感。一个人出现了这种眼神，还可能是因为被逼着去做自己不喜欢的事情。

眼神能够展现出一个人的心理，目光同样也可以。目光就是指眼睛看其他的人或事物时所发出光芒的特征。

炯炯有神的目光。一般来说，这样的目光都伴随着稍微突出的眼球和正视前方的视线。当一个人的目光炯炯有神的时候，说明他的注意力正处于一种高度集中的状态，既对自己看到的人或事物非常关心，同时心里没有任何防范，非常自然。如果是女性出现这样的目光，说明她们瞧不起自己所看到的人。

敏锐的目光。当一个人出现这样的目光时，证明他此时精力充沛，心里有很高的斗志，似乎一切困难都难不倒他。

着落点不定的目光。一般来说，一个人在出现这种目光的时候，情绪特别不稳定，心里焦躁不安，并且有着很深的怨恨和愤怒。

黯淡的目光。一般出现这样目光的人是那种伤心或失望到极点的人。比如说一个人盼一件事情盼了好多年，可是等到了那天，却发现这件事情与自己的想象相去甚远，导致他非常失望和伤心，这时候他的目光就会变得黯淡。

忽明忽暗的目光。当一个人表现出这样的目光时，很可能是因为发生了一些让他尴尬不已的事情，也有可能是他的内心正在进行激烈的斗争，或是正在算计别人，想要把对自己不利的事情变成对自己有利的事情。

除了眼神和目光之外，通过一个人的视线同样也可以看出他的心理活动。心理学家认为，视线是人们交流和沟通的前奏，如果一个人想和其他人进行交流和沟通，那么一定要先把自己的视线停留在其他人的身上。在社会活动当中，人内心的欲望或情感一定会体现在视线变化上。因此，通过视线了解他人在社会活动中的心态，具有非常重要的意义。

通过一个人的视线来窥探他的心理，出现以下五个问题需要重点留意。

第一，确定对方的视线有没有在自己身上，这是非常重要甚至是最关键的一点。

第二，对方的视线有没有移动，如果移动了，又是如何移动的。要知道，对方的视线一直盯着自己和在自己身上停留一下就马上移走，代表的心理是截然不同的。

第三，对方的视线是朝着哪个方向的，也就是对方看自己时到底是用正眼看还是斜眼看的。

第四，对方的视线到底在打量哪个位置，是正在看你的头，还是正在看你的脚，是正在从上向下观察你，还是在从下往上观察你。

第五，对方的视线是否集中，也就是对方到底是在专心致志地看着你，还是一会看你，一会看别的地方，或者根本就不知道他在看什么。

直视对方。当一个人直视别人时，说明他正在关注那个人，心里想要了解他。但是，这种直视通常要有一个度，因为在很多时候，直视别人都会被当成一种不礼貌的行为。你死盯着对方不放，人家很可能会以为你是在挑衅，进而产生一种受到威胁和不安全的感觉，这样是不会给别人留下好印象的。大多数人都不喜欢别人直勾勾地盯着自己看。所以说，直视别人的时候千万不能死盯着别人，也不能直勾勾地看着人家。另外，当一个人直视别人的时候，还有可能是因为对别人身上发生的事情很不理解，想要仔细看看到底为什么会出现那样的事。

斜视别人。这种视线一般会发生在很多人聚会的时候。如果在人群聚集的场合，有人斜视别人，那他此时的心理活动可能是拒绝、轻蔑、藐视、迷惑等。如果这种目光针对的是竞争对手，则说明这个人心里很不服气，并且看不起对手。如果斜视别人的同时嘴角带着一丝笑意，说明心里对对方有一些兴趣。不过这种情况大多发生在异性之间，特别是一个女人看一个男人的时候。如果一个女人这样去看一个男人，她的内心独白很可能是“这个人有点意思，是我喜欢的类型”。

视线看向远方。一般来说，当一个人看向远方的时候，如果不是远方有能吸引他的东西，就是他对当前发生的事情不感兴趣，或者心不在焉。也有可能是他心里有其他想法，却不好意思表达出来，因此选择避闪。在谈一笔很重要的交易的时候，如果某一方不断地看向远方，说明他心里正在盘算着如何才能让交易变得对自己有利。如果这种情况真的出现了，最好不要与这类人合作。

第二章

手部动作代表的心理

单个手指动作意味着什么

手相当于人的第二张脸。很多人讲话的时候，不仅脸上会有各种各样的表情，手上同样会做出各种各样的动作。手部的各种动作能够体现出一个人的心理状态。甚至有很多人认为，“手上的表情”要比“脸上的表情”更加真实。因为当一个人在说假话的时候，很可能会注意隐藏和控制自己脸上的表情，却很少有人会去注意自己手上的动作。

手部能够做出的动作是非常多的，单单是手指上的动作就能够表现出很多不同的心理状态。

主要是大拇指。随便伸出一只手，我们都能发现大拇指给人的感觉非常特别。它似乎独立于其他的四根手指之外，又比其他的四根手指灵活得多。也正是因为这样，大拇指的动作及其代表的心理，相对于其他的手指要多一些。

最常见的大拇指动作是竖大拇指，也就是在握紧拳头的同时竖起大拇指。这个动作按照竖起大拇指的朝向分为朝上和朝下两种。如果一个人对你做出竖起大拇指的动作，并且大拇指是朝上的，那就说明他是在赞美你、鼓励你，在心里认同你；如果大拇指的朝向是向下的，那么他是在贬低你、嘲讽你，从心里面看不起你。如果有人在做出这个动作的时候拇指指向了某个人，说明他在心里瞧不起那个人，对那个人充满了嫌弃、指摘和讽刺。

把手插在兜里是现实生活中人们经常做的一个动作，但是做这个动作时，每个人的表现也是不一样的。有一些人在把自己的手插在兜里的时候，会下意识地把大拇指留在兜的外面，这样做的人社会地位一般比较高，或者是自信心比较强。如果有人在你面前不经意间做出了这个动作，如果他不是你的领导，不是那些地位明显比你高的人，那就说明他在心里觉得自己高你一等，有些看不起你。

抱起手臂也是一个在现实生活中非常常见的动作。人们在感觉到冷的时候往往会做这个动作。有一些人在抱手臂的时候，会不自觉地就把自己的大拇指露出来：这个动作就是把双臂交叉在胸前，双手放在腋下，但是露出大拇指。如果有人在你面前做出了这个动作，那基本上表现出了两种心理：一种是在心里对你有所防备，对你的所作所为持否定态度，不信任你；另一种是心里有很强的优越感，觉得自己比你强，比你有本事。总之，在你面前做出这种动作的人，不屑于和你在一起。

食指是生活中最经常用到的手指，比如我们用手点什么东西、指什么东西的时候就会伸出食指，就连我们想让别人安静的时候，都会伸出竖直的食指放在自己的嘴边。

食指伸出而其他手指蜷缩起来这一类动作，细分为许多种，根据伸出的食指的朝向以及是否运动，能够分析出人们不同的心理。

如果你在说话的时候，有人突然把食指朝上放在嘴边，那就说明他想让你停止，他不想再继续听下去了。如果有人对你伸出食指并且左右摇晃，说明他认为你的观点是错误的，他并不赞成你的说法，通常这个动作会伴随着“不对、不对、不对”这样的否定语句。

如果你对面的一个人伸出食指指向另外一个人，他可能是想告诉你“这件事情不是我做的，是他做的”。

平直伸出的食指转成了直角，并且用眼睛看着对方，这个动作意味着威胁，通常做出这个动作的人都是在警告别人。并且，人们在做这个警告别人的动作时，还可以进行劈、刺、钻等动作；如果食指是从上到下向着一个点刺去，那么威胁的意味就会展现得淋漓尽致。

有时候，有的人会两只手都伸出食指，并指向某一个人，这时他们的内心想法一般是“原来是你啊”“下面就看你的了”等。

中指位于五根手指的中间，一般来说，喜欢用中指的人会有那么一点点的自恋，习惯以自我为中心。

人们在使用中指表情达意的时候，大多是无意识的。比如说，有一些人喜欢在和别人谈话的时候触摸或抚摸自己的中指，这样做的人大多数希望能够得到别人的赞赏和夸奖，并且想要找到机会表现自己。

无名指通常代表的是情感，结婚戒指通常就是戴在人们的无名指上的。如果一个人在和别人谈话的时候，经常触摸或抚弄自己的无名指，说明他需要关怀，特别是情感上的关怀。

小拇指是社交性的手指，也经常会被用到。如果一个人在谈话的时候抚摸自己的小拇指，说明他心里非常想吸引别人的注意。在拿杯子的时候小拇指翘起，这是为了提示别人自己的存在。如果有人对你竖起小指，说明他鄙视你，在心里面看不起你。

十指是怎样连心的

在日常生活中，多根或十根手指相互配合所产生的动作，要远远多于单个手指的动作，并且与单个手指的动作相比，十指动作对人的心理有更强的表现力。那么，不同的多指动作都与怎样的心理相关联呢，我们来逐一讨论一下。

十指不停动弹。这个动作通常是用来缓解紧张的。如果你看见一个人手指不停地在动，说明他的正处在一种紧张的状态当中，心里不知道应该怎么办，有些无所适从。

用指尖轻轻地敲击桌面。这种动作是思考中的人经常会做的动作。如果你看见一个人正在用指尖轻轻地敲击桌面发出清脆的声音，这个时候他可能陷在某种思维困境当中，正在思考怎么样从困境中冲出去，也可能是因为他碰到了需要做出选择的情况，心中却有一些犹豫和矛盾，不知道该做出什么样的决定。

双手的食指和拇指交叠。这个动作被一些人称作是双枪，用一个比较形象的词语来解释这个动作，那就是“箭在弦上”，这种动作通常出现在那些倾听者身上。如果对方在听你说话的时候做出了这个姿势，说明他心里正期待着你的言语中出现错误，这样他就会指出你的错误。人在做这个动作的时候，通常会用指尖顶着自己的嘴，我们很容易就能够发现，不用特意去观察

十指交叉。这也是在谈话中经常会出现的一个动作，大多出现在说话者身上。如果你在听别人说话的时候，发现对方做出了这个动作，说明他此时心平气和，并不紧张。但是，这并不代表他拥有自信，也绝对不能说明他的情绪是积极的。一般来说，做这个动作时的情绪高低和手放的位置有关，高位的十指交叉比中位的十指交叉时的心态更积极一些，因为高位的十指交叉能够起到一种自我保护或自我安慰的作用。如果有人不是在和别人谈话的时候做出了十指交叉的动作，说明这个人处在一种自我封闭的状态，不希望别人打扰他。

数拨手指。这个动作就像是小孩子用手数数一样，拨弄一个手指就是“一”，拨弄两个手指就是“二”。如果是成年人做出这种手势，一般是为了强调自己所说的话，给别人留下的印象则更加清晰。比如说，在日常的工作中，老板给员工安排工作时可能会涉及一些数字和条款，这时候老板就会做出数拨手指的动作，希望能够加强下属对这些数字和条款的印象。

指尖相互敲击。如果你在和别人谈话的时候，发现对方双手合十，并且指尖相互敲击，说明对方正在寻找和你的想法一致的契合点。或者，你的想法还没有满足对方的期望，他心里正等着你能提出让他满意的想法。这种时候你需要注意，不能再提出与前一个观点相同的意见，因为那没有意义，并且要仔细思考自己的想法和对方的期望之间到底有多大差距，这样才能顺利解决问题。

十指相互交叉，大拇指相互环绕转动。这是一种充满活力的

动作，根据大拇指转动的速度分为两种情况：如果一个人做出了这个动作，并且大拇指转动缓慢，说明他此时正沉浸在过去的美好回忆当中，情绪高涨；如果一个人在做这个动作的时候，大拇指转动得非常快，那说明他的心中正在计划自己的未来，情绪同样是十分高涨的。

拇指和食指相互摩擦。这个动作很可能是人们最喜欢的一个动作，因为这是点钞票时的动作。我们都知道，人在点钞票的时候，心情是非常愉悦的。如果不在数钱的时候做出这个动作，那说明他心里非常高兴，可能是通过以往的数钱在内心的愉悦和这个动作之间建立起了固定的反射弧，所以一高兴就会不由自主地做这个动作。

咬手指和吸吮手指。这样的动作一般被认为是幼稚的表现。当有人做出这样的动作时，说明他的内心极度缺乏安全感，想要寻找安慰。另外，也有可能是为了掩饰心中某些恶劣的倾向。

握紧拳头。这个动作通常是为了给自己打气，或者是给自己提供一些安全感以及心理安慰。当某个人握紧自己的拳头时，很可能是因为受到了某种刺激，觉得自己应该努力奋斗了；也可能是因为受到了某种挫折而非常愤怒，于是在心里暗暗发誓，将来一定要进行报复。

握拳时拇指压在其他四根手指下面。这个动作被叫作婴儿拳，心里脆弱的人常常会做出这个动作。如果你发现有人做出这个动作，那你就该知道他的内心非常脆弱，需要安慰。另外，一个人在濒临死亡或陷入昏迷的时候，也会无意识地做出这个动作，这个行为目前还没有办法解释。

总是把手插在口袋里。把手插在口袋里面，对很多人来说是一种习惯性动作。不论天冷还是天热，不论穿着什么样的衣服，只要有口袋，他们总是把手插到口袋里面。一般来说，把手插在口袋当中代表着一种戒备心理。如果你在别人面前做出这个动作，人家就会觉得你有心事，并且什么都不想对你说，慢慢地就觉得你不容易接近，这样就没有人愿意和你交朋友。如果你在和别人谈话的时候做这个动作，还有一种可能是你根本就没有认真听别人说话，而是在思考你自己的事情，也可能是有不可告人的秘密，但无论怎样，对方也会觉得你打心底里不相信他。

反剪双手抬向后颈。当一个人做出这个动作的时候，很可能是在心里对别人产生了防范和戒备，也有可能是因为害羞。

用拇指托住下巴，其余的手指遮住鼻子或嘴巴。这是一种防卫性的姿势，但不是用用来防卫他人的，而是防止自己不要说错话。有人在谈话中做出了这样的动作，他的心理状况有两种：一种是他在说谎，但不想让别人发现，因此用这个方式来掩饰；另一种是他在心里不同意对方的说法，想要反驳对方，却不好意思说出口。

用手触摸对方的脸部。这是一个表示亲密的动作，主要表达不分彼此的关系，通常发生在情侣之间。如果一个人用手触摸了另一个人的脸部，那么在他心里一定对那个人充满了爱意或浓浓的关怀。

用手触摸自己的脸部。这是一个很常见的动作，如果有人在谈话中做出这个动作，说明他非常疲惫、不安，或者是心里非常痛苦。

用手触摸眼角或者是用手抵住眼眶外侧。一个人做出这个动作，说明他正在思考某件事情，但没有明确的结论和决断，犹豫不决。

用手托住脸颊。一个人如果用手托住脸颊，说明他非常无聊，可能正在发呆。如果他是在听别人说话的时候做出这个动作，说明他希望对方能够尽快结束谈话，因为他对话题一点儿都不感兴趣。

用手托着额头或腮帮。一般做出这样动作的人，可能是遇到了某种困难，希望得到别人的支持和帮助。

握手不仅仅是一种礼貌

握手，是一个很常见的动作。两个陌生人第一次见面会相互握手，很久不见的朋友再次相见，第一反应也是相互握手。这个动作虽然简单，背后隐藏的秘密和学问却并不简单。握手意味着人与人之间交流的开始，通过握手我们能够得到很多信息，其中就包括了解对方有意或无意想隐藏的心理。

握手的形式一般分为三种，分别是控制型握手、屈从型握手和平等握手。

控制型握手的主要表现是握手时手掌朝下，这里的朝下不一定是手掌正对着地面，但是一定是向下握住对方的手掌。如果你在和别人握手时发现对方喜欢用这种姿势，说明对方是一个控制欲很强的人。这个时候你应该告诉自己："这个人想要控制我，我必须要小心一些了。"这种握手方式一般是展示权威的表现，通常会出现在地位高的人身上或者长辈的身上，如果是地位、身份都和你平等的人用这种方式和你握手，说明他想让你产生压力感，继而达到自己的某种目的。

屈从型握手和控制性握手在形式上恰好相反，屈从型握手握手时掌心是向上的。这个姿势一般都表示顺从，如果有人用这种方式和别人握手，一般都是为了说明自己并不强势，是一个很好相处的人。另外，这种握手方式也可以理解为妥协，如果你和别人发生了争执，但是后来对方用这个动作和你握手，那就说明在他心里已经对你妥协了。

如果是两个强势的人，在握手的时候很可能会发生一场关于主导权的争夺战。但是，这样的争夺一般不会表现得过于明显，毕竟握手是一种友好的行为，这种情况最后很可能演变成平等的握手。所谓平等握手，就是握手时掌心既不朝上，也不朝下，而是大致与地面垂直。在这种情况下双方的动作是相同的，地位是平等的。

一般来说，两个人握手的动作都是用右手进行的，这似乎是约定俗成的。那么，当人的右手在和别人相握的时候，空出来的左手在干什么呢？它是闲在那里毫无意义的吗？当然不是。心理学家认为，人们用右手握手的时候，左手的各种动作也能透露出人的一些心理状况。

人在握手的时候，左手的动作基本就是触摸或拍打别人的身体，人们当时的真实心理主要体现在左手上。一个人在和另一个人握手时，如果他的左手摸着对方右臂以上的部位，说明他对对方的感情比对方想象中的要深厚；如果他的左手抓着对方的手腕或手肘部位，说明他在心里认定和对方是非常好的朋友；如果他的左手抓着对方的肩膀和上臂，说明他此时的感情非常浓烈。

下面我们来看一下一些具体的握手动作所代表的心理。

握手时的力量很大。这里的力量很大是说达到了让对方感觉到疼痛的程度。如果一个人在和别人握手时用了这么大的力量，要么他是一个自负的人，想要逞强，要么他是一个真诚的人，动了真感情。

握手时没有一点儿力气。一个人在和别人握手时一点儿力量都不用，很可能是他对和自己握手的这个人没有一点儿兴趣，因此才以消极的态度来应对。也有可能是他的心思完全没有在握手这件事上，而是在想着别的事。

握手时手臂弯曲，靠近自己，一点儿也不积极。这样握手的人一般都非常谨慎，不明白对方到底是什么意思，有一丝防备的心理。

握得很紧，并且时间很长。这种握手动作中包含着一种竞争的意味，一般出现在双方比拼的时候。如果只有一个人用了这样的握手方式，说明他正在向对方示威，希望对方能够做出让步。当然，如果一个人想要故意还击，也可能会用这样的力度握手，这种情况经常出现在电影或者电视中。

握得很紧，但是只握一下就马上松开。和别人握手的时候这样做的人，虽然表面上表现得非常开心，但心里面其实并不相信对方，甚至会刻意地防范对方。

握手时既不握紧也没有力量，只是轻轻一接触便松开。用这种方式与别人握手的人，很可能是打心底不愿意和别人接触。也可能是因为性格腼腆，觉得自己和对方并不熟悉。还有一种可能是他有洁癖，不愿意和别人发生肢体上的接触。

握手时很迟疑，只在对方主动的情况下才会伸出手。如果一个人在和别人握手时有这种表现，可能是因为他根本没有预料到对方会和自己握手，不相信这件事情是真的。也有可能是真的不想和对方握手，却又不得已。

例行公事式的握手，即为了握手而握手。这样握手的人，一般不带有任何感情和心理活动，只是觉得在这个时候应该去和别人握手。

握手时掌心出汗，手掌微湿。一个人在和别人握手的时候出现这样的情况，说明他的心里非常紧张，可能对方是他的领导或长辈等比他地位高的人，也可能对方是他心目中的女神或男神。

握手时用食指在对方的手掌上挠。这种行为一般发生在一个男人在和一个女人握手的时候，说明这个男人对这个女人产生了性爱的幻想，并且希望能够得到对方的响应。

像虎头钳一样握住对方的手。在和别人握手时这样做的人，通常是想要领导对方或者是征服对方。

用双手和别人握手。一个人在握手的时候使用自己的双手，说明他非常热情开放。

先仔细打量对方然后才和对方握手。在握手时采取这种方式的人，主要是想在心理上给对方制造一些压力，从而使自己能够在接下来的交往中占据优势。

在公众场合频繁地和陌生人握手。如果一个人这样做，说明他心里非常希望出风头，满足自己的自尊心，还有一种可能是想避免受到别人的攻击。

过分殷切地和别人握手。一个人如果在面对别人的时候，非常殷勤地去和对方握手，说明他心里可能有某些不可告人的秘密，也有可能是别有用心。实际上，握手只是一种礼节性的行为，如此积极的态度，很容易就会让人往不好的方面想。

和别人握手时只伸出自己的指尖。这是一种礼貌性地握手，主要的目的就是表达自己的礼貌，但是没有打算和对方交心。这种握手一般出现在女性和男性第一次见面的时候。

握手时只握对方的指尖。如果一个人这样和别人握手，说明他的心里面非常在意对方，害怕自己伤害到对方。

握手时非常温柔。用这样的方式和别人握手，通常都是为了让对方体会到自己传达的体贴和温暖，从而让对方信赖自己。当然，也有可能是故意博取对方的信任，从而达到自己的目的。

不喜欢和别人握手。有很多人不喜欢在社交场合和别人握手，这样的人要么是心里面非常恐惧，缺乏安全感，觉得别人会害自己；要么就是非常高傲，不屑于和别人握手。还有可能是因为自卑，不敢去和别人握手。最后一种可能是当事人有严重的洁癖。

对方的手伸过来，宁可向对方鞠躬，也不和对方握手。如果你碰到了这样的人，说明他心里对你的防备很深，所有的东西都让他感觉不安。当然，也有可能是因为过于自卑或是有严重的洁癖。

不要让别人反感和你握手

握手是人和人之间在社交时最常用的礼仪方式，它不仅能够反映出一个人的心理，同时也能反映出人的礼貌、气质、素养和内涵等品质。在与人交往时，采用不同的方式会得到不同的效果，有一些握手方式能够让人感到亲切，给人留下良好的印象，但也有一些握手方式会令人反感。

单刀直入式握手。这种握手方式通常是那种性格非常好胜，并且防备心很强的人经常用的。在使用这种握手方式时，他们会直接伸出自己的手，手臂伸直，并且身体前倾，将重心转移到一只脚上。这主要是为了使自己和对方能够保持一定的距离，使对方远离自己心理上的安全界限，进而保护自己的私人空间不受侵犯。也就是说，人们使用这种方式握手，主要是因为对对方有一定的防备，想要保护自己。但是，这种握手方式虽然能够保护自己，却也在一定程度上拉远了自己和对方的距离，会让对方觉得你不好交往，从而形成不好的印象。

扳手式握手。这样的握手方式是善于弄权的人最喜爱的方式。

这种握手方式和一般的握手方式区别很大，通常是使自己的拇指与对方的拇指交叉在一起，其他四根手指则死死握住对方的手，并且经常会跟着一个后续的动作，即手臂发力，猛地用力将对方拉向自己。如果一个人使用这样的握手方式，通常有两个原因：第一，自身缺乏安全感，不喜欢进入别人的空间，否则就会感到紧张和害怕，想留在自己的区域当中，并且把对方也拉进来，从而让对方在心理上产生一种紧张感。第二，为了让对方失去平衡，进而迅速产生一种紧迫感和危机感，从而使自己获得主动权和谈话的控制权。无论哪种情况，前提都是对方在私人空间上没有特别的要求，不在意是否进入别人的区域，否则双方容易发生对峙。使用这种握手方式虽然能够满足自己心理上的需求，但很容易因为用力过大而使对方的身体感到疼痛，因此让人非常反感。

压泵式握手。这种方式很多人经常使用，主要动作是握住对方的手上下摇动。这种方式通常发生在非常熟悉的人之间，或者是非常要好的朋友之间。如果有人在面对陌生人的时候使用这样的握手方式，说明他的内心非常执着，但是不一定有什么特殊的想法，或许只是习惯而已。这种方式容易让对方感到很难受，如果对方也习惯用这种方式，或许没什么问题，但如果对方不习惯这种方式，很有可能把使用这种方式握手的人当成是不懂礼貌的人。

老虎钳式握手。使用这种方式的人通常会率先伸出自己的手，手掌位置放低，随后用力握住对方的手，并且非常有力地抖动几下。如果有人使用这种握手方式，说明他非常想说服对方，或者是对权力有非常大的欲望，同时也说明他有极大的信心。但是被这样握住的人则不会高兴，因为没有人会喜欢自己的手被别人死死抓着。

蜻蜓点水式握手。这种握手方式一般发生在异性之间。通常是因为距离远或者是一方缺乏信心所造成的。使用这种握手方式的人可能是出于好意，一方面这样会显得很热情，另一方面也使握手的双方不至于感觉到紧张。但是在实际情况中，这样的握手方式有时会让人感觉冷漠，使人觉得对方并不是真心想和自己握手，或者怀疑对方有洁癖，嫌自己的手脏。

死鱼式握手。这种方式就是在握手的时候非常轻柔，甚至觉得软弱无力，同时手上会出很多汗，湿乎乎的，让人感到非常恶心。使用这样的方式和别人握手，通常会让人感觉到对方性格非常懦弱，没有责任感，不敢承担自己的义务和责任。没有人会喜欢这种性格的人，自然不会给别人留下好印象。

荷兰式握手。这种握手方式和死鱼式握手差别不是很大，只是手会更有力量一些，并且不会有那种出汗之后湿乎乎的感觉。这是一种源自于荷兰的握手方式，在当地被叫作胡萝卜串式握手。它同样不会给别人留下好印象。

碎骨机式握手。这种握手方式与老虎钳式握手方式相似，但是它的力量更大，它不仅令人反感，同时还会造成别人身体上的疼痛。使用这种握手方式的人通常是为了抢占先机，或者是为了给对方一个下马威，但是对方的反应通常是“你把我的手抓疼了”“你是不是有病啊，用这么大劲儿”。

握手的动作实际上需要手部力量、姿势和时间等完美结合，否则很容易出现上面这八种让人很反感的握手动作，使自己在刚开始交往的时候就注定了失败的结局。

握手或伸手时，五指不同的状态代表不同的心理。

俗话说“十指连心”，一般是说人的手指在受到伤害时，内心也会非常痛苦，就像我们在此之前说过的一样，这句话也说明人的手指和内心有十分密切的关系，手指的各种动作能反映出人的不同心理。在人们伸出右手和别人握手之前，五根手指的不同状态，同样能反映出人的不同心理。

小丽和小红是同一天进入公司的，因为这样的缘分，她们之间的关系自然会比别人要近一些。她们常常一起下班，一起逛街，一起吃饭，很快就成了形影不离、无话不谈的好姐妹。

有一次，小丽邀请小红去自己的家里玩，小丽的妈妈也在家。小红到了小丽家之后，表现得非常有礼貌，但是有一些拘谨。按理来说这是一种正常的心理，毕竟第一次去别人的家里，长辈还在家，性格非常内向的人甚至会不知所措，小红的表现并没有什么不妥。但是，小丽的妈妈心里却对小红产生了一种不好的印象。

原来，小丽的妈妈看过一些心理学方面的书，书上说太循规蹈矩的人都非常谨慎，这种谨慎很可能会耽误大事。并且，这种人在交朋友的时候通常不会推心置腹，很难和别人成为真正的朋友。

小丽的姐姐回来了，小红同样非常有礼貌地和小丽的姐姐握手。小丽的妈妈又发现了问题，她发现小红在伸出手时，五指是并拢的。她的眉头皱了起来，更加确信了自己的判断——小红并没有把小丽当成真正的朋友。

晚上小红走后，小丽的妈妈就问小丽和小红平时都聊些什么，小丽说：“我和小红是好姐妹，当然无话不谈了。”小丽的妈妈说：“有一些私人的话题还是烂在自己的肚子里面比较好，不要什么事情都和别人说，不然很可能会被人骗。”小丽不明白妈妈想要说什么，就直接问是什么意思。妈妈说：“就是不要什么事情都和小红说，因为她并没有把你当成真正的朋友。”小丽更加疑惑了。妈妈说："心理学研究表明，在与别人握手时，伸出手五指并拢的人不会和别人推心置腹的，很少会把别人当作真正的朋友。小红就是这样的。"

小丽对妈妈的这种说法嗤之以鼻，认为这是无稽之谈。小丽的妈妈说："你可以想想，你们聊天时说的话题是不是都是关于你的，或者说她是不是很少说话，都在听你说。你了解小红这个人了吗？你知道她的家庭情况吗？你知道她交过几个男朋友吗？"

小丽仔细一想，自己好像真的是什么都不了解，难道真的像妈妈说的那样吗？小丽有些半信半疑，但还是决定以后不再和小红说自己的事情了。一段时间之后，公司里面传出了一些关于她的私事。这让小丽非常后悔，也非常生气，于是她和小红绝交了。

这个时候她完全相信了妈妈的话：伸出手握手时五指并拢的人，很难和别人推心置腹，也很难和别人成为真正的朋友。

在这个事例中的小丽未经查证就断定是小红出卖自己，并与之绝交的行为并不可取，但不在我们的讨论范围内，我们只说小红的性格。的确有专家认为，一般情况下，伸出手时五指并拢的人，不仅不会和别人坦诚相待，同时内心也非常阴险，经常会利用别人对自己的信任谋取自己的利益，不惜伤害他人的利益。因此，在实际生活中，一定要防备这样的人。

当然，在社交场合和日常生活中，人们伸出手之后，五指都不可能只有这一种形态。心理学家研究后发现，如果人在伸出手之后，五指呈现出一些其他状态，同样可以反映出一个人的性格和心理。

伸出手之后，把五指张到最大。这样的人性格通常是非常豁达和直爽的，不会因为各种各样的小事而斤斤计较。在伸出手的同时，这种人的心里不会有太多的想法，可能只是单纯觉得见到对方很高兴。

伸出手之后，五指微微张开。这样的人通常是成熟稳重、有责任感的，但是也有可能是胆小怕事、跟不上时代步伐的。他们伸出手的时候，心里可能是很高兴的，也可能是在算计着某些事情。

伸出手之后，四指并拢，大拇指张开。这样的人懂得见到什么样的人说什么样的话，善于把握机会和理财。这种人伸出手的同时可能在仔细观察对方，心里想着一会儿应该说什么样的话才能处理好和对方的关系。

伸出手之后，五根手指全部伸直。这样的人可能会感情用事，但是一定会有始有终。这种人伸出手的时候，如果是面对一个他感觉不错的人，他可能会想要和对方成为朋友，如果是面对一个感觉不好的人，他就会想离对方远一点儿。

伸出手指后，手指稍微向内收缩。这样的人通常有比较有经济头脑，但是比较吝啬。这种人在伸出手的时候，很可能在算计着对方能不能给自己带来利益，或者自己怎样才能不吃亏。

伸出手之后，五指向外弯成弓状。这样的人学习能力很强，感受能力也很强，并且非常聪明。这种人在伸出手的时候，很可能在想着怎样才能和对方打好关系。

伸出手之后，食指和其他手指之间有空隙，其余手指并拢。这是自尊心很强并且喜欢自作主张的人经常做的一种手势。这种人伸出手的时候，通常在想怎样才能在双方交往的时候使自己一直处于领导地位。

伸出手之后，中指和无名指之间有一定的空隙。这是一种很难做的手势，所以这样握手的人往往遇到任何困难都能克服，至少有极强地想要克服困难的欲望。这种人伸出手的时候，心里面通常是非常高兴的，没有什么别的想法。

伸出手之后，无名指和小指之间有一定的空隙。这种人喜欢独立自主，不喜欢被别人的约束。他们伸出手的时候，通常想的都是以后的事情，或许根本就没有关注对面和自己握手的人。

不同的人搓手时的想法

搓手是人们经常做的一个动作，这个动作同样能够反映出人的心理。同样的搓手动作，在不同背景下使用，所表示的含义以及代表的心理是不同的。不同的人处在不同的角色中，搓手所代表的含义也是不同的。不同的搓手方式以及搓手频率所代表的含义和心理同样是不同的。

关于搓手，我们最先想到一个词语——摩拳擦掌。这个动作通常被用来形容工作有热情，积极性很高。

小白在一家广告设计公司工作有一年的时间了。经过一年的时间，小白成了部门主管最重视的人，因为自从她参加工作开始就一直非常努力，不仅工作时非常努力，而且还努力学习和工作有关的知识。每次主管交给她任务，她都能够认真并且很好地完成，就算是因为自身能力不足，不能把事情做得完美，她也会虚心学习，全力以赴做事。这让主管很放心，所以很多比较困难或麻烦的工作，主管都愿意交给小白去做。

最近，主管又有一件事情需要交给自己的手下去做。他想交给小白，但这项工作要求比较严格，他担心以小白的能力可能不能很好地完成，另外小白也没有相关经验。可是他又担心交给别人的话，别人不够认真。主管的心里一直非常矛盾，不知道要不要交给小白，他决定征求一下小白的意见，并试探一下她的态度。

当主管把事情和小白说过之后，小白一边摩拳擦掌，一边说："主管你就放心吧，这项工作我一定能做好。最近我恰好在学习这方面的东西，刚好缺一个实践的机会。"主管看到她摩拳擦掌的样子，脸上露出笑容说："那就交给你了，你可一定要做好啊！"小白说："放心吧，一定会让您满意的。"主管笑着让她去准备了。结果小白并没有办好这件事，因为在实践中她太过教条化了，幸好主管及时补救，没有造成太大的损失。不过，从此以后主管开始更加谨慎地给小白安排工作了，同时加强了在具体执行方面的教导。

我们暂且不说事情有没有做好，只说主管为什么放心地把事情交给了小白去做，这显然和小白当时的表现有很大的关系。摩拳擦掌通常表示有着高涨的情绪，对将要面对的事情很有信心，跃跃欲试。一般来说，摩拳擦掌伴随着足够的信心，不过有时只是当事者的盲目自信，需要根据具体情况来判断是否值得托付。

在实际生活中，很多人对这个动作似乎很不了解，甚至认为摩拳擦掌是心里犹豫的表现，因此很不喜欢这种人，产生极大的误会，最终造成不好的结果。所以，我们一定要弄清楚摩拳擦掌一般代表着怎样的心理。

一些下属在犯了错误之后，在上司面前也会做出摩拳擦掌的动作，他们的心情一定非常急切且复杂，既害怕被批评，又希望错误可以挽救。有时候，一些人在不知所措的时候，也会用这个动作排解一下内心的焦虑和忧愁。

人们在搓手的时候，频率有快有慢。缓慢地搓手，一般都是沉思的表现。

小李是一个不能吃亏受委屈的人，性格又比较深沉，心里有什么想法都不会表现出来。就算是某个人让他吃亏了或陷害了他，他也不会直接去指责对方，而是在心里面仔细思考，琢磨怎样去报复对方。

最近小李心里非常恼怒，因为他和同事小王共同承担了老板交代的一个任务，最后因为小王的原因事情办砸了。但小王自己害怕承担责任，于是恶人先告状，在老板那里把所有责任都推给了小李。小李被老板狠狠地批评了一顿，奖金也被扣了。小李怎么解释都不能让老板相信自己是无辜的，所以就在心里记恨起了小王。

这天，小李回到家之后坐在沙发上，思考着怎样报复小王。不知不觉中，他开始缓慢地搓起自己的手。最终，小李想到了报复小王的办法并实施起来，让小王彻底丧失了在老板心目中的地位。

在心理学上，缓慢地搓手通常说明搓手的人正在思考或者是正在谋划着什么事情。如果你遇到这样的人，必须要小心，免得遭受利益损失。另外，有一些人在思考无关的事情的时候，也可能会做出这个动作，这种情况虽然不必防备，但至少说明他的心思并没有在你身上。

快速地搓几下手掌，一般是下定决心的前奏。

小王本来是一个性格稳重的人，但是最近他总是不能让自己的内心平静下来，因为他碰到难题了。最近小王的一个朋友找到了他，想求他帮忙办一件事。这个朋友和小王的关系非常好，并且以前在一件大事上帮助过小王，如果小王现在帮他算是报恩。小王心里是想帮助自己的朋友的，但朋友求他办的这件事并不简单，可能会耽误很长时间，甚至会耽误小王自己的工作。小王的事业正处在一个关键期，如果持续表现优秀很快就可以升职加薪了。这个机会小王已经等了很长时间了，所以小王担心因为朋友的事情自己不能升职。一方面是苦熬多年等到的升职机会，另一方面是难以拒绝的朋友的请求，一时间小王真的不知道该怎么选择了，他非常矛盾和焦躁。

这天，小王的朋友又找到他，面对朋友小王再次陷入思考当中。朋友也没催促，只是静静地看着他。一段时间过后，朋友看到小王快速地搓了几下手掌，随后对他说："咱们这么多年的朋友，你又帮过我，我不是那种忘恩负义的人，你的事情我帮定了。"

我们可以看到，小王在下定决心帮助自己的朋友之前快速地搓动了几下手掌。在心理学上，这个动作表明一个人遇到了困难和令他焦急的事情，但他心里已经知道应该怎么做了，并且找到了方向。

抱起双臂表示什么

无论是在生活中、工作中，还是在情场上，在谈话的时候突然抱起双臂都是一个常见的表现。一般来说，人们之所以会在谈话的时候抱起自己的双臂，都是出于自我防卫的意识。

小翠是个女强人，结婚后依然在外面为事业打拼，并取得了了不起的成就。她总是很忙，需要经常在外面应酬，很晚才回家。相比之下，她的丈夫刚子完全是另一个类型的人。刚子有着稳定的工作，每天过着朝九晚五的生活，在单位属于那种不会犯错误但升职也没戏的人。面对这样的处境，刚子似乎并不在意，好像升不升职都无所谓。因为总是准时下班，刚子每天都会做好饭等着小翠下班回家。

小翠对刚子那种懒散、不努力追求升职加薪的态度非常不满，她经常在回家之后不停地唠叨刚子。平时刚子总是面带微笑，认真地听着，偶尔也会搭上几句话，但是从来都不会做出激烈的回应。一次，小翠在回家之后，又开始唠叨，刚子也一如既往地笑呵呵应对。小翠越说越来劲，刚子却越听越觉得无聊了。过了一会儿，刚子突然在自己的胸前抱起双臂，并将身体靠在了后面的椅子上，脸上却依然若无其事的样子，就这样坐在那里。

小翠依旧滔滔不绝地说着，刚子一直面无表情地坐在那里。又过了一会儿，小翠突然停止说话，开始看着刚子。这时候，刚子似乎也意识到了什么，开始对小翠进行回应。

从心理学上讲，小翠的做法是正确的，如果她继续唠叨下去，很可能惹得刚子发飙。一般人做出抱起双臂这个动作，大多都是为了关闭自己的内心，从而进行自我防卫。我们可以把这种行为理解成一种防御性的姿势，当然这是心理上的防御。当对方的话让自己感受到了某种恐惧或者是威胁，人们会在心里开始排斥对对方。这个时候如果对方停止说话，那种恐惧和威胁的感觉就会消失，从而恢复正常。另外，如果抱着手臂的人始终把双臂抱得很低，这样还好，因为这说明他心里只是想在自己面前竖起高高的屏障来保护自己。如果他的双臂抱得很高，说明他已经打算付诸行动了，这时候想要缓和关系就很困难了。

当然，人们在谈话的时候突然抱起双臂，不一定都是出于这样的心理。人们在抱起双臂时采用的方式不同，所反映的心理也各不相同。

身体畏缩地抱起双臂，这一定不是因为身体感受到寒冷，而是感受到一种发自内心的寒意。

小波是那种比较淘气的学生，他有一个弱点就是害怕老师。每次犯了错误后，面对老师他都会非常紧张，非常害怕。因此，无论他多么淘气，他都会尽量完成老师交代的事情，以免被老师批评。

可是，事情总是不会朝着人们期望的方向发展。小波又一次犯错了。那天在学校的时候，他和一个好朋友约好放学后一起玩游戏。出于对游戏的痴迷，小波一整天都在想放学之后玩游戏的事情，以至于老师在布置课堂作业时，他根本就没听到。放学后，小波就和自己的好朋友玩起了游戏，作业自然没有写。第二天，老师要检查作业，小波才忽然想起写作业这回事。他明白，这顿批评自己是逃不掉了。

下课后，老师把小波叫到了办公室，单独进行批评。谈话期间，老师突然发现小波身体畏缩，把双臂抱在胸前较低的位置。懂得一些心理学的老师发现这个情况之后，马上终止了对小波的批评，安慰了他几句就让他回去了。

一般来说，如果一个人做出像小波那样的动作，说明他的内心是紧张不安的，可能是出于害怕或者是恐惧才蜷缩起自己的身体。在这个时候，如果老师继续批评小波，很可能会让小波感到更加害怕和恐惧。如果小波因此产生厌学心理，对老师、对孩子来说都是得不偿失的。所以老师果断地停止了言语的批评，转而使用了温和的方式对小波进行安慰和教育。

挺起胸膛，双臂抱在较高位置。证明一个人想要强调一些事情。当一个人在谈话中做出这个动作的时候，说明他想要显示自己较高的地位，向大家宣布自己是一个非常了不起的人物，希望别人能够服从和赞美他。

躬起背的同时抱起双臂。如果有人做出这个动作，说明他的内心并不平静。很可能是因为别人的话动摇了自己心中的某个信念，也有可能因为他处于一种非常焦虑的状态，不知道该怎么办。

迎着对方的视线抱起双臂。如果一个人在与别人谈话时做出了这个动作，说明他对对方所说的话非常感兴趣。一般来说，这个动作会伴随着向对方点头或探身的动作。

两只手臂抱在胸前，同时耸动自己的肩膀。如果一个人在和你谈话的时候做出了这个动作，说明他并不相信你说的话，甚至不屑于听你说话。

手放在臀部下面说明内心不安

每个人都喜欢自由，人身体上的各个部位也一样都喜欢无拘无束。比如双腿，如果双腿不能够自由移动，被绳子紧紧缠住，一定没有人喜欢这种感觉；手也一样，如果双手被限制住也会让人觉得非常难受，所以没有人会去固定或限制自己的双手，除非是有特殊原因，比如身体其他部位更不舒服，或者心里非常不安。

把手放在臀部的下方，就是一个限制双手的动作。人在这种情况下通常是极度不安的，而且，他正在努力控制那种不安的情绪。

丽丽是一个让人羡慕的女人。她有着美丽的外表，有一个帅气的老公，老公还有一份足够养活他们一家人的工作。为了生计问题到外面东奔西跑这种事，对她来说十分遥远。她每天要做的就是把家里的所有事情打理得井井有条。

安逸的生活总是会让人觉得无聊，所以，老公在家的时候，丽丽总是会缠着他说话。丽丽总让老公给她讲一些工作上的事情，她老公也从来都不拒绝，每次都能敞开心扉，愉快地给丽丽讲一些工作中的趣事。

一天晚上，丽丽和老公吃晚饭之后，她老公就坐在那里一言不发，这让丽丽一下子觉得气氛十分怪异。丽丽很不习惯这样的气氛，就让老公给自己讲工作上的趣事，没想到她老公根本就没有回应，依旧坐在那里一言不发。丽丽仔细观察，发现她老公好像一副非常不安的样子。

丽丽觉得很奇怪，于是就问："你们公司最近怎么样啊？"她本来以为老公会微笑着回答自己，没想到没有得到回答，她老公还突然把双手放在了臀部下方，嘴里欲言又止。

丽丽想到老公是在她谈到工作之后才有这种表现的，推测他应该是在工作上出现了问题，于是自己也不再说话了。她害怕哪句话会刺激到丈夫，惹他不高兴。但是，问题终究是要解决的，丈夫出现这种情况，丽丽迫切地想要知道原因。她试图讲几个笑话让老公高兴一下，却发现他依然无动于衷。于是她站起身来，走到丈夫的后面，突然从后面抱住了丈夫。

对于这种情况，她老公感到非常意外，但是这种意外却驱散了他心中的不安，使他的情绪在一瞬间平静了下来。这个时候，他听到丽丽问他："老公，你是有心事吗，我觉得你刚才好像很紧张？"

丽丽的老公这时候已经不紧张了，才说："是工作上的事情，我们公司最近运转得不好，出现了很严重的财务问题，我可能马上就要失业了。我本来打算告诉你的，但是怕你心里也不安，不知道怎么跟你说。"

丽丽听到她老公的话，非常担心，但很快就镇定了下来，她对老公说道："这种事情有什么不好说的，工作没了就再换一个呗，在哪儿还不能找到一份工作。不要再担心了，你的情绪要是再不稳定，我就该担心你了。”

丽丽的老公像吃了定心丸一样，瞬间就平静下来，并感觉豁然开朗。因为心里面的负担消除了，丽丽的老公很快就找到了一份新工作，比原来的工作还要好。

我们都知道，任何人在面对即将失去工作却要继续承担养家压力的时候，心里都会感到不安。丽丽的老公就是这种情况，所以他才会做出把手放在臀部下面的动作，一方面是为了控制自己内心的情绪，一方面是为了防止别人看出问题，避免自身不安的情绪传染给别人。

上面的这个事例不仅说明了“把手放在臀部下面是心里不安的表现”这个道理，还提供给了我们一个正确帮他人解决问题的办法，那就是先让自己镇定下来，随后温言安慰对方，消除对方的不安心理，这样就能够顺利地把问题解决。

当然，把双手放在臀部下方不都是心里不安的表现，比如冬天觉得手冷的时候，就会有一些人把手放在臀部下面坐着，以这样的方式来取暖。

摊开双手是在表态

在与别人谈话的时候，我们碰到一些不想回答或者不知道该怎么回答的问题时，通常会把自己的双手向对方摊开，随后也不进行解释，而是让对方自己去理解这个手势的含义。很多时候，这样一个手势会使别人一头雾水，因为很少有人明白这个手势的含义，甚至那些经常做这种手势的人也未必明白。那么，这个手势有什么样的含义呢？人们在做这样一个手势时，心里到底是怎样想的呢？

谈话时向对方摊开双手，说明可能已经接受了对方的意见。

老李和老王是一对很好的朋友，同时也是合作伙伴，他们两个已经在一起合作很多年了。虽然他们的关系十分密切，但是在工作中，他们仍然免不了激烈地争论，因为他们两个都是非常固执的人。他们会一直坚持各自的意见，直到对方证明自己的意见是错的，或者做出让步。

他们的妻子见这两个合作伙伴隔三岔五地争论一次，都建议过他们终止合作关系，但两个人都没有采纳。其中一个原因是因为两家是世交，谁都不好意思先提出来，更主要的一个原因是，两人通过交往发现对方都足够真诚，也非常守信，是值得长期合作的伙伴。虽然他们经常争论，但总能有一个结果，而且有了结果之后两个人执行起来都不含糊，工作效率都比较高。

最近，老李和老王争论了起来，甚至变成了争吵，结果自然是不欢而散。但是，工作还是要继续的。见面的时候，相比之下不怎么爱说话的老王总是埋头工作，而比较“嘴碎”的老李则不停地在老王耳边唠叨着自己的意见。几次之后，老李发现老王基本上不会反对了，只是摊开双手，把手心朝向自己，但是仍然没什么好脸色。

老李不明白老王的手势是什么意思，于是问自己的妻子。妻子问他：“老王除了双手向你摊开，有没有其他动作”。老李说没有。妻子说：“如果是这样，依我的判断他已经向你妥协了，应该是同意了你的意见。只要下次你不再反复唠叨，而是和他好好商量，应该就没问题了。”

老李接受了这个建议，又一次和平地解决了合作中的矛盾。

我们可以看出来，老李的妻子分析问题以及解决问题思路，非常符合心理学原理。心理学认为，把手心朝向别人是一种表达善意的手势，就像是我们去一个地方，礼仪小姐在引路时会一边说“请”，一边伸出一只手，手心朝向我们，指向我们要去的方向。在谈话当中，摊开双手并把手心朝向对方，表达的就是服从和妥协的意思。

当然，我们摊开双手的方式有很多种，不同的方式表现出的心理也不尽相同。

摊开双手，掌心向上。做出这个动作时，也表示在心里面服从对方，可以接受对方的支配。如果手臂伸得很直，就表示在心里希望对方给一个拥抱，或者是让对方进入到自己的怀抱中，这通常是成年人向孩子做出的动作。

摊开一只或两只手，掌心向下。这是一个希望别人闭嘴的动作。

鲍龙的脾气和这个名字的谐音“暴龙”一样暴躁，无论面对什么样的事，他都不会和别人商量，只要是他有自己的想法和意见，就绝对不会轻易改变，即便他知道他的想法是错误的，即便有很多人劝说他。

鲍龙最近又私自做了一个决定，要把家里面所有的积蓄投到某个他比较看好的项目中去。因为这关系到一家人的命运，鲍龙并没有经过仔细地调查和思考，只是脑袋一热就决定了，所以他妻子对这件事情完全不赞同。

为了劝说自己的丈夫改变决定，他的妻子一有时间就会在鲍龙的耳边不停地讲道理、摆事实，总之就是想要阻止鲍龙。刚开始的时候，鲍龙还会认真地应付一下，毕竟这是关于他们全家人的事，但是随着次数的增加，鲍龙那本来就强迫自己表现出来的耐心彻底消失了，他不再理会妻子说什么了。最近，他更是向妻子发了一通脾气。当时，鲍龙的妻子仍然在不停地劝他，说了几句之后，原本坐在沙发上的鲍龙突然站了起来，伸出自己的双手，掌心朝下，对妻子说：“这件事情我已经决定了，你不要再说了，我是不会改变我的决定的。你还是仔细想想怎样才能让我们在这件事情中获得更多利益吧。”

我们可以看出，在鲍龙伸出双手、手心向下时，他的态度是非常强硬的，根本就听不进去别人说什么。心理学家认为，如果一个人做出这样的手势，表明他在心里面希望对方冷静一下，或者是“你不要再说了，一切都听我的就可以了”的意思。

双手摊开，放在桌面上。做出这个手势的人通常是为了展示他的坦诚，表明自己说的都是实话。还有一种可能是希望对方有什么事情就说出来，自己一定会竭尽全力去帮助他。

摊开双手，放在胸前，手心朝上。做出这个手势的人一般是遇到了挫折想要退缩，似乎是想对别人说“我已经想尽了一切办法了，还是不能解决这个问题，如果不退缩，你还想让我怎么样”。

摊开双手，放在胸前，手心朝里。一个人在做出这个动作的时候，通常是想压抑自己躁动的情绪，让自己冷静下来，不要冲动。

习惯背手的人是什么性格

很多人在站立或者是走路的时候，会做出把双手背在身后的动作，这可能是一种习惯，但这种习惯很多时候会给人们带来一种错觉。我们都知道，把手放在背后通常是老年人的一种行为，或者是身居高位的领导者才会做出的行为。如果是普通人做出这个姿势，站立的时候还好说，毕竟那只是为了显示出一种严肃感，如果是把手背在身后走路，可能会让人觉得这个人的心态已经老了，即便身体还年轻，还可能会让人觉得这个人盛气凌人，自我感觉良好。总之，背着双手会给人带来一种非常不好的印象。

然而，事实是这样吗？把双手背在身后真的只能表达这两种意思吗？下面的故事会给我们一个答案。

小郑是一个有野心的人，自从他进入到现在的公司之后，一直期待有一天能够取代现在的经理。因为在他看来，现在的经理根本就没有认真对待过自己的工作。而且这个经理其貌不扬，走路的时候弯腰躬背，像是老年人一样。而且他上班的时候也总是把手背在身后，在公司里面走来走去，让人感觉非常不舒服。小郑觉得这个经理早晚会要被公司开除的，到时候自己一定有机会。

一段时间之后，他发现经理一点儿也没有要被公司开除的迹象，甚至连一点儿风声都没有听到。这让他觉得非常奇怪，不明白公司为什么会长年留着这样的一个人。所以，他决定再仔细观察一下，看看这个经理到底有什么过人的地方。

观察一段时间之后，他没有得到任何结果，只是发现公司的同事小王对经理非常尊敬。他找到一个机会，问小王是不是发现了经理身上有什么过人的地方。小王对他说："难道你没有发现经理总是把双手背在身后，在公司走来走去吗？"小郑听到这里，有种正中下怀的感觉，于是说："我当然发现了，这不就是他不作为的证明吗？"不料，小王笑着说："你这样想可就错了，我曾经研究过一点心理学，看到他总是把双手背在身后，我就知道他是一个谨慎、小心、沉稳、老练的人。这样的人肯定已经或者即将取得一番成就，所以，认真完成他交代的任务总是没错的。"

小郑对于小王这样的说法嗤之以鼻，他无法相信这样的说法，继续不认真对待经理布置的任务。又过了两个月，他没有等到经理被公司开除的消息，自己却被开除了，公司给出的理由是他从来都不认真完成工作。直到这个时候他才恍然大悟，原来小王说的是对的，自己被开除就是活该啊！

总是把双手放在背后的人沉稳、老练。在现实生活中，很多人都会犯以貌取人的错误。这里所说的以貌取人，不是单纯地看一个人的长相来决定自己对他的态度，还包括通过别人的各种动作和行为，结合自己的主观想法去判断别人。比方说，你可能因看到一些人做出你反感的行为而鄙视他，但你不知道你心里认为的某些错误行为很可能是正确的，你狠狠鄙视的人很可能是你的贵人。

故事中的小郑，显然就是犯了以貌取人的错误。在他心里，弯腰驼背、背着双手走路的人都是没有作为的，所以他才会用敷衍的态度去对待经理。事实已经证明了小郑是错误的，他也因此付出了代价。

一个人做出双手背后这个动作，说明他的内心非常安稳、坚定，同时也拥有足够的自信，相信一切都在自己的掌控之中。当然，确实有人做这个动作是为了显示自己的资历老或地位高，但我们一般能够通过其表情看出来，有这种心理的人通常都是趾高气扬的，脸上不会出现平和的表情。

当然，同样的一个动作，很可能会因为肢体的细微变化——比如摆放的位置不同，产生不同的效果。把双手背在身后这个动作，也会因为双手摆放位置的不同而具有不同的含义，反映不同的心理。

双手背在身后时，一只手握住另一只手的手腕。如果一个人以这样的方式把手背在身后，说明他的心里充满了挫败感，不过还没有达到放弃的地步，而是希望给自己增加信心。这个的动作也有可能是一种防御行为，如果有人出于这个目的才做出这个动作，说明他的防御心很强。

手背在身后，一只手握住另一只手的上臂。这种方式同样表明这个人的心里充满了挫败感或愤怒。握住手臂的部位越高，心里的挫败感和愤怒的情绪越强烈。

第三章

触摸身体方式揭露的心事密码

拍打头部代表什么性格

生活中经常会发生这样一种现象：你求朋友去办一件事，他口头上答应了，但是很长时间之后都没有给你回复，你终于等不及，亲自去问他事情进展得怎么样了，他却拍一下自己的脑门，随即说道“我忘了”。这个时候我们通常会表示理解，并确信我们想得没有错，即认为他真的忘了。但你有没有想过，表达“忙忘了”这个意思的方式不只拍打脑门一种，拍打头部其他位置也能表达这个意思，而且这个动作还可能表达其他意思。总之，拍打头部这个动作所蕴含的真实想法，很可能和你想象的有所出入。

拍打头部这个动作主要分为拍打前额和拍打后脑两种。

如上面所言，拍打前额大多是表示忘了做某件事情，通常情况下如果一个人做出这个动作，你需考虑他是否重视与你的这段感情了。

周晓和罗乐是多年的好哥们儿。他们无话不谈，只要有时间就会约在一起聚会，吃饭、聊天、玩游戏，就差没有磕头拜把子了。

一次，周晓想约一个人谈一笔生意，他不认识这个人，但他的好哥们儿罗乐认识。于是周晓找到罗乐，想请他帮忙。罗乐答应得出奇地爽快，拍着自己的胸脯说：“咱俩是哥们儿，处了这么多年，这么点儿事有啥求不求的。你放心，这件事情我给你安排，保证把他给你约出来，你就放心地回家等消息吧。”

然而，一段时间之后，周晓并没有等到罗乐的消息，于是再次去找他。见面之后，周晓焦急地说：“我说兄弟，我求你办的那件事，你办得怎么样了？再拖下去，兄弟我就要被老板骂死了。”周晓心想罗乐一定会给我一个满意的答案。不料他焦急地说完之后，只见罗乐猛然间拍了一下自己的前额，说道：“哎呀，兄弟对不起、对不起、对不起，我最近太忙了，竟把这件事情忘得一干二净。你可别怪我啊，我现在马上就把他约出来。”

周晓不是第一次见罗乐拍脑门追悔莫及了，这次虽然心里很生气，也不好说些什么，毕竟天天兄弟相称。他只能没好气地说：“不用了，我再去想别的办法吧。”周晓不给罗乐好脸色看，其实不只是因为事情没有办成，更重要的是因为罗乐那个拍脑门的动作，因为他闲暇时曾看过一些心理学方面的书籍，记得经常做出这种动作的人是不太注重感情的。这样的人有事情会求朋友来帮助自己，而当朋友有事情求到他的时候，他却从来不放在心上。这种人之所以选择和别人交朋友，往往是为了利用别人达到自己的目的。

想到这里，周晓突然觉得浑身发冷。他不希望自己的好哥们罗乐是这样的人，于是决定仔细观察一段时间再作定夺。如果罗乐真的是那样的人，以后就不再和他来往了。

事情的结果我们不必去关心，周晓的做法也不可取，或者说他本人也没有足够的智慧。因为对一个有智慧的人来说，绝不可能交往多年才察觉到对方不重感情，只知道利用别人。生活中有许多人经常忘东忘西，忙起来生活更是一团混乱，罗乐很可能就是这样一个人。况且，尽信书不如无书，如果真的因为书里的某一句话就让周晓做出了放弃“兄弟”的决定，真正不注重感情的人反而是他。拍打前额这个动作一般出于两个原因：一个是当事人确实健忘；一个是周晓所认为的轻视感情，这需要自己分辨清楚。至于究竟是哪个原因，有一个比较可靠的依据，就是看对方拍打脑门时的时间长短和力度大小。只用很大力气拍一下，手便离开，很可能是因为健忘，反之就是轻视感情、善于算计了。也正是因为如此，我们在上面才只说“你需要考虑他是否重视自己与你这段感情”，而不说“必须考虑”。在我们看来，周晓正确的做法应该是先原谅罗乐这一次，当场答应他约客户出来的补偿性建议，事后跟罗乐开诚布公地谈一下。

不管怎么说，这个事例告诉我们一个道理：交朋友一定要慎重，放弃朋友更要慎重。

另一种动作，即拍打后脑，大多表示对某些事情感到后悔，做出这种动作的人通常待人比较苛刻。

小张是一个比较冲动的人，他做的许多事情都是脑袋一热的结果。这并不是说他不聪明，更不是说他没脑子，因为每次做过的事，他都会在心里复盘一下。每次重新考虑过后，小张都会觉得非常后悔，认为自己当时不应该那样做。

小王是小张的初中同学，两个人刚刚恢复联系没多久。每次在一起吃饭的时候，他们最经常做的事情就是在饭桌上回忆过去的一些事情。刚开始的时候，小王只是把这件事情当作饭后消遣来对待。因为每次回忆过去的时候，小王都觉得非常开心，郁闷的心情瞬间就消失了。时间长了之后，小王看出了问题，他发现小张每次回忆到一些令他非常后悔的事时，都会用手拍打自己的后脑勺。小王本来以为这只是小张为了强调自己的悔恨而有意做出的一种动作，但是后来他不这样想了，并且渐渐地疏远了小张，因为他发现小张说话做事比较苛刻，而且认为他拍后脑勺的动作与这种品性有莫大的关系。

小王的推断没有错。在心理学中，如果一个人做出拍打后脑的动作，通常是在无意中表现心中的惶恐不安，因为他们对自己做过的某些事情感到后悔和害怕，但同时说明此人态度消极，做事散漫，待人却苛刻。故事中的小王之所以会疏远小张，可能就是因为感受到了这些。

拍别人肩膀是什么心态

在现实生活中，我们肯定都拍过别人的肩膀，或者被别人拍过肩膀。当你拍别人肩膀的时候，你肯定知道自己要表达的是什么意思，但当别人拍你的肩膀的时候，你知道对方是出于什么心理吗？

小李在公司里负责管理一个销售小组，该小组上一年度的销售业绩不好，这让所有人都很不开心。今年第一个季度的销售业绩出来之后，小李发现居然比去年同期增长了很多，这让他非常开心，心想这次肯定会得到老板的表扬了。于是他兴高采烈地拿着第一季度的销售业绩去向老板汇报。还停留在去年的销售业绩阴影中的老板，见到小李进来，也没有抱以特别的对待，或者说，老板对他们小组并没有抱多大希望。所以，老板低头仍然坐在那里看文件，也没有和他寒暄，只是示意小李先坐下再说。

等到小李坐下之后，老板问他："上个季度你们组的销售业绩怎么样，不会又垫底吧？"

听到老板这样说，小李笑了一下，随后一字一句地说：“我们组上个季度的销售业绩非常不错，不仅维护了老客户，同时开发了很多新客户，如果单纯计算利润的话，要比去年同期增长百分之十八。”

“那么你们组上个季度的支出是多少呢？”老板又问道。

小李说：“在上个季度，我们小组总共支出了五万元，比去年同期的支出减少了四万元，甚至比之前所做的预算还要少一万五千元呢。”说到这里的时候，小李非常自豪，他认为自己花小钱办了大事，相信老板一定会奖励自己的。小李还特意看了老板一眼，想要看到老板的笑容，但是他发现老板依旧严肃地坐在那里，他不禁收敛了一下自己的笑容。

在听完小李的汇报之后，老板并没有说什么。只是站起身来，走到了小李的身边，用手轻轻地拍了一下小李的肩膀，随后说：“你可以出去了。”

老板的这种表现一下子就把小李弄懵了，他根本就没有理解老板到底是什么意思。走出老板的办公室之后，他还在胡思乱想，最后他认为可能老板对自己组的销售业绩仍然不满意。有了这样的想法之后，小李一下子就怒了，他认为自己的小组在今年第一季度销售业绩这么好，并且还给老板省钱了，无论如何也该得到老板的表扬。不求物质上的奖励，最起码老板应该在语言上给予鼓励，现在老板居然还不满意，那自己也没办法了，反正自己的能力就这样了。

因为没有得到老板的表扬，自己觉得受了委屈的小李在接下来的一段时间里，脾气一直都非常暴躁，因此严重影响了工作。又一个季度过去了，他们小组的销售额比上一个季度有了明显的下滑。

当小李再一次来到老板的办公室汇报工作的时候，他没想到老板失望地说了一句 :“看到你上个季度的销售业绩，我还以为你这个季度会做得更好。我打算把你提拔为销售经理，没想到现在却看到了这样的结果。”

小李瞪大了眼睛，露出了一副难以置信的样子，却一句话也没能说出来。

或许有人会奇怪，为什么最后小李什么话都没说？这主要是因为他想起了上一次汇报的时候老板拍了自己肩膀一下，现在他发觉原来自己理解错了老板意思。当初老板拍他的那一下，其实不是在表达不满，而是在鼓励他，希望他能够再接再厉。因为误解了老板的动作所表达的意思，小李反而自暴自弃，最终影响本职工作，现在他还有什么好说的呢？全是咎由自取。

心理学上认为，肩膀的责任就是承担重量，而从侧面拍别人的肩膀传达出来的意思多半是“我相信你能行的”。如果是上级对下级，或者是地位高人对地位低的人，那毫无疑问是鼓励的意思。

当然，拍肩膀还能表达一些其他意思。比如你走在路上，突然有人从后面拍你的肩膀，这种事基本上发生在好朋友之间。在这种情况下，对方多数是想和你打招呼，也可能是想吓唬你一下。如果对方站在你面前，用双手拍你的肩膀，说明对方想要和你亲近，或者是希望能够得到你的理解。如果你心情低落的时候，有人拍你的肩膀，说明他是在安慰你。如果有人在别人都不相信你，你觉得非常委屈的时候，拍了你的肩膀，说明他是相信你的。

不停抓挠耳朵的人内心焦虑

在日常生活中，我们总是会看到有人抓挠自己的耳朵。这种情况可能发生在对方与你谈话的时候，也可能发生在对方独自做事情的时候。经常做这样的动作的人，很明显并不是因为他耳朵痒或者痛，一定是出于某种心理。

小明是一个乐观开朗的学生，不仅学习好，而且总是能够在同学遇到问题的时候第一时间提供帮助。所以，小明在同学之中非常受欢迎。他之所以能够做到及时帮助别人，主要是因为他经常利用学习的空隙时间仔细观察周围的同学。

一天自习课上，小明看了一会儿书之后，又习惯性地开始观察周围的同学。很快，他发现旁边的同学小丽一边不停地抓挠着耳朵，一边盯着试卷。因为总是观察周围的同学，小明已经总结出了一些规律，比如，他觉得一个人如果不停地抓挠耳朵，很可能是因为碰到了解决不了的问题。他又观察了一会儿，发现小丽还在做这个动作，于是就问小丽："小丽，这道题你是不是不会做？”

小丽确实被一道题给难住了。她对小明说："我真的忘记这道题应该怎么解了，我记得老师讲过类似的题目，但是怎么也想不起来了。"

小明看了眼小丽的试卷，发现她卡在一道数学题上。小明正好会做，于是就给小丽讲解了这道题，小丽很快就明白了。

下课之后，小丽问小明："我发现你总是会在同学们有需要的时候出现。这道题我一直在闷头自己研究，没有问其他人，你是怎么样知道我不会的？"

小明说是通过小丽抓挠耳朵的动作看出了她内心的焦虑，从而得出她需要帮助的结论。

他的分析是正确的。可问题是，他的这种说法有科学依据吗？抓挠耳朵表示内心焦虑究竟是心理学的一条规律，还是只是小明瞎猫碰上死耗子，只是猜中了小丽这个动作的含义？

从心理学上来看，一个人如果做出抓挠耳朵的动作，确实是内心非常焦虑的表现，因此，小明的分析是有科学依据的。在现实生活中，当我们碰到这种情况的时候，不妨也去问一下那个抓挠耳朵的人，看看自己有什么能够帮助到他的。帮别人一个小忙，也许只是举手之劳，但能够赢得别人的肯定，进而和对方建立良好的关系，实在是一本万利。

同样是焦虑的心理，表现在肢体动作上可能会多种多样。虽然都会抓挠耳朵，但是手接触到耳朵的具体位置，也是不尽相同的。触碰到不同的位置，反映的是不同的心理，我们必须根据实际情况去判断。遇到难题需要帮助时，当事者抓挠的一般是耳垂、耳背，而且会不停地抓挠。

除此之外，还有以下几个表示焦虑的动作：

用手摩擦耳郭背后。这个动作通常发生在谈话中，当一个人做出这个动作时，说明他觉得对方说的话太过重要和私密，自己不适合去听。可是，对方执意要说出来，却又不能不听，所以他会感到焦虑，继而用手摩擦耳郭背后。

把整个耳郭向前折，并且盖住耳孔。这种情况同样也经常发生在谈话中，如果一个人做出了这个动作，说明他觉得对方说的话非常无聊，已经不想听下去了，但是却不好意思提醒对方，因此他心里非常焦虑，所以才采用这个动作表达自己心中的想法。如果你在和别人谈话的时候看到对方做了这个动作，那么你最好马上停止正在进行的话题，否则就会引起对方的反感。

用手托或抚摸下巴是在思考事情

不知道大家有没有发现这样一个现象：每当我们思考事情的时候，总是会下意识地用手托住下巴或者抚摸下巴。如果反过来也成立吗？也就是说，当我们做出用手托住下巴或者抚摸下巴的动作时，心里是在思考某些事情吗？

海波的公司正在迅速发展，在很多事情上都需要和别的公司进行合作，因此海波总是要用很多时间去和别的公司的负责人进行商谈。实际上和别人谈判这样的工作大部分人不愿意做，因为谈好了是应该的，谈不好的话要受到责备甚至惩罚，根本没有人理会负责谈判的人到底在谈判的过程中付出了多少，实际上就是一份吃力不讨好的工作。刚开始海波也是这样认为的，但过段时间之后他就改变了想法，他觉得和别人谈判还是挺有趣的。因为他通过一段时间的观察，总结出了一些心得，这些心得能够帮他在工作中取得好成绩，最起码能让他在谈判中找到更加明确的方向，遇到僵局时也能帮他决定是继续还是放弃。

最近，海波又在和一家公司的老板谈合作的事情。谈判已经进行了几次，没有什么明显的进展，但海波不想放弃。这天，又到了谈判的时间，海波和对方见面之后直奔主题。这一次，海波准备得更加细致，他不仅把双方合作之后所能带来的好处全说一遍，而且还对未来的发展做了一个详细地规划。他希望能够用这些东西打动对方，使之与自己的公司合作。

可是无论海波怎么说，对方都不为所动，一言不发。就在海波打算放弃的时候，突然间发现在他讲话的时候，对方似乎一直都在抚摸自己的下巴。看到这种情况，海波知道自己的机会来了，对方这是已经有心想要和他合作了，只是还有一些顾虑，只要自己再努力一下，对方可能就会松口了。

于是海波使出了撒手锏，说只要双方能够进行合作，自己的公司可以多让出一部分利润来。对方听到这里一下子就下定了决心，马上决定和海波的公司合作。

就这样，海波通过观察客户抚摸下巴的动作，分析客户的心理，成功地促成了一次重要的合作。

海波在看到对方抚摸下巴这个动作之后判断对方心里面一直在思考、犹豫，这个分析是正确的。对方做出抚摸下巴这个动作的时候，心里确实是在思考。

在现实生活中，不只是抚摸下巴，人们在用手托住自己的下巴的时候，同样也说明自己正在思考。很多人都知道法国著名雕塑家罗丹一件著名的雕塑作品《思想者》，而这个名字的由来正是那尊雕像做出若有所思的样子——托住下巴。

虽然用手抚摸下巴和用手托住下巴都表明一个人正在思考，但是使用的方式不同，思考的内容是也不相同的。

用一只手托住下巴。如果一个人独自待在某个地方做出这个动作，说明他正在思考自己的事情，可能是在回忆过去，也可能是在畅想未来；如果一个人和别人初次见面的时候做出这个动作，说明他并不想和这个人进行交流，因为还有自己的事情要做；如果是在谈话的时候做出这个动作，他要么是没有注意听对方说话，在想自己的事情，要么是希望对方能够尽快结束谈话，自己好去做其他事情。

不停地用手抚摸下巴。这个动作通常出现在和别人谈话的时候，说明做出这个动作的人根本就没有注意对方到底在说什么，而是一直在想着自己的问题。

可能有人会问，某些电影或电视剧里面的坏人，在看到美女的时候也会摸自己的下巴，这时候他们是在思考吗？是的，那些坏人看见美女之后就摸自己的下巴，同样也是在思考，只不过他们是在思考怎样才能占有眼前的美女。当然不排除有的人只是在心里客观地品评眼前的美女，在这种情况下就不能称其为坏人了。

抓挠脖子多是口是心非的表现

在我们和别人谈话的时候，对方会时不时抓一下自己的脖子。可能很多人没有留意过这种情况，或者即便看到了，也认为那只是对方的习惯性动作，再不然就是他的脖子痛或痒了。然而，抓挠脖子包含着非常多的信息，远不止这么简单。

小枝和小樱是同事，也是好朋友，两个人经常一起出去逛街、购物、吃饭，整天形影不离的。她们什么事情都要一起交流，甚至买东西的时候，如果还没有得到对方的认可，她们就不会做出买下来的决定。

有一天，小枝和小樱一起出去逛街购物。女孩子嘛，所谓逛街以逛为主，买是其次。两个女孩游走在各种各样的店铺中，试着漂亮衣服。突然，小枝看上了一条裙子，她觉得穿在自己身上一定很好看，于是她决定试穿一下。

她穿上之后觉得非常满意，去照镜子时差点被自己迷倒了。不过，她还要征求一下小樱的意见。小樱也觉得这条裙子非常漂亮，但小樱心里想的是自己穿上一定也很漂亮，她也想买下这条裙子，又觉得当着小枝的面不能这样说，于是说道：“哇，这件衣服你穿上真的很漂亮，你一定要买下来。”小枝说：“真的吗？我也非常喜欢，那我现在就去交钱。”这时候，小樱突然说了一句：“好像有点贵啊。”小枝之前只顾着看衣服是否漂亮了，听了这句话才想起来没有看价格，一看她就愣住了。虽然她能买得起，但代价是买了之后可能要吃一个月的泡面了，于是她犹豫了。

过了一会儿，小枝问小樱：“你说我到底买不买呢？我可不希望自己吃一个月的泡面。”小樱说：“那你到底喜不喜欢啊？”小枝说：“当然喜欢了，要不我怎么会纠结这么久呢？”小樱突然一边抓挠自己的脖子一边说：“既然喜欢那就买呗，吃泡面怕什么，大不了下个月努力工作，总是能过去的。”

小枝想了一下，最后仿佛是下了很大决心似的说：“好，那我就听你的，现在就去交钱。”

小樱万万没想到小枝真的去交钱了。不是说不想吃泡面吗，怎么突然间就变了呢？于是赶紧拉住小樱，说：“你可要想好，要是交了钱，这段时间你就只能吃泡面了。我看实在不行你过段时间再买吧。”

小枝说：“我已经决定了，你不用劝我。为了这条漂亮的裙子，我宁可吃一个月的泡面。”随后她开开心心地交钱去了。

在小枝转身去交钱的时候，小樱一下子就愣住了，心里想：“我这个嘴怎么这么欠啊！这下好了，小枝最讨厌和别人撞衫了，她买了我就不能买了。”

故事中并没有说小枝有没有发现小樱说话口是心非，但是，如果小枝懂得一些心理学知识，应该能够敏锐地发现。心理学研究发现，当一个人在和别人谈话时，如果做出用手抓挠自己脖子的动作，那就说明他在口是心非地说话。小樱在劝说小枝的时候就突然做出了这个动作，或许连她自己也没有察觉到，但这一举动却正好暴露了她心里面的真实想法："我就是随便说说，你还是不要当真，既然不愿吃泡面就别买了吧。"说句题外话，小樱其实是多此一举，因为小枝既然讨厌撞衫，那么无论她会不会买下这件裙子，小樱都不能再买了，除非付出姐妹短期失和的代价。假设她欲擒故纵的计谋成功了，难道她穿着那条裙子时要躲着小樱吗？

我们在平时一定要注意，特别是在和别人说话的时候，如果对方突然用手抓挠自己的脖子，可能对方嘴里说的和心里想的是不一样的。这种局面一般有两种应对方式：第一种是像上述事例中那样将计就计。当然，小枝不是有意不让对方小算盘得逞的；第二种是顺着对方的意愿去做决定。当然，前提是知道抓挠脖子这个动作代表当事者口是心非。

用手触碰头发的几种方式说明什么

头发对人们的整体造型来说无疑是非常重要的，因为一个好的发型会使人的形象更加靓丽。不仅如此，对阅人无数的人来说，一个人用不同的方式触碰自己的头发，反映了自己的不同心理。对性格内向比较保守的人来说，这些触摸头发的动作可能会泄露他们心里的小秘密。

小王暗恋小罗很长时间了。在他的眼里，小罗是一个完美的女孩，她脾气温柔，长得漂亮，特别是笑起来非常迷人。小王觉得小罗就是他心目中的女神，但却一直都不敢向小罗表白。因为他的性格比较内向，不知道小罗对自己到底有没有感觉，害怕表白之后遭到拒绝，结果连朋友都做不了。小王现在的愿望非常简单，就是守护在小罗身边，每天都能看到她。

有一次，小王约小罗吃饭。在吃饭的过程中，小王总是细心地照顾小罗，给她夹菜倒水，无微不至。小罗用笑容告诉小王她很开心，所以小王也觉得很开心、很满足。吃完饭之后，他们坐着聊天。小罗一直抱怨自己非常孤单，有时候想找个人说话都不知道应该去找谁。小王听了这些话，虽然知道小罗很伤心，却不知道怎么去安慰她，只能说："没事，你以后觉得孤单找我就可以了，我随叫随到。"之后却没有下文了，小王没有对小罗说什么，小罗也只是看了他几眼就不再说话了。

小罗一副很不高兴的样子，因为她心里其实是喜欢小王的，但是出于一个女孩子的矜持，她不能主动表白，所以只好坐在那里不说话，等小王先开口。小王也不知道该说什么才能逗小罗开心，一时间气氛冷了下来。过来一会儿，小罗似乎感觉很无聊，开始用手摆弄自己的头发。这个动作引起了小王的思考：她一个人宁愿玩头发也不理我，是不是对我的表现失望了？我是不是该勇敢一点儿？看小罗话里话外的意思，似乎对我也有一点儿感觉，看来自己应该努力一下。不过，由于生性腼腆，小王当时还是没有拿出勇气表白。

不过，这次约会之后，小王对小罗更加关心了，几乎每天都会打一个电话过去，陪她说话聊天，这下彻底打动了小罗。在之后的一次约会中，小王主动表白，两个人终于成为情侣了。

小王最后能抱得美人归，和他读懂了小罗触碰自己头发这个动作的含义有很大的关系。正是因为他知道了小罗需要关心，并且适时加大了对她的关心，才有了完满的结果。心理学中有一种说法叫作"自我亲密"，意思是说当爱人不在身边的时候，一些女性会用自己的手抚摸自己，以达到平复情绪、安慰自己的目的。用手触碰自己的头发，正是"自我亲密"的一种表现。这种行为在无意间向男人表达了"我需要关心"的意思。所以，各位男性朋友，当有女性在你面前看似无意地触碰自己的头发时，一定要抓住机会，因为对方非常希望得到你的关心。

除了抚摸自己的头发，人们对自己头发还会做一些其他动作，当然也代表着不同的心理。比如用力抓自己的头发，这表示内心非常痛苦、悔恨，或者是压抑、纠结。

在影视作品中，我们经常看到这样的情节：一个人为了报仇去杀人，有时由于他人的误导和陷害而杀错人，得知自己杀错人以后，他们通常的动作是扔掉自己手中的武器，用双手抓住自己的头发，跪在地上或站在原地，仰天长啸。其实我们都明白，这种行为是在表达自己心中对杀错人一事的悔恨和痛苦。看多了就会发现，表达心中悔恨和痛苦的方式，有时是站着，有时是跪着，有的人大喊大叫，有的人默不作声，但有一种相同的表现，那是双手用力抓自己的头发。

另外，我们还在电影或电视中见到过，一些人面临非常重要的抉择的时候，也会用力抓自己的头发。此时人的心里非常纠结，压力非常大，而用力抓头发似乎能够释放心里面的压力。所以，用力抓头发这个动作，也是人们内心纠结的表现。

用手捂住嘴时，他在想什么

用手捂住自己的嘴，是女性经常做的一种动作。在和别人谈话的时候，一些女性总是会突然间用手捂住自己的嘴，这个动作到底是什么意思呢？下面的故事或许会给我们一个答案。

小刘长相英俊帅气，做事潇洒大方，谈吐文雅有水平，现在在一家大公司做高层管理者。这些优秀的条件集中在小刘一个人身上，说他是“优质好男人”并不过分。所以，小刘非常受女孩们的欢迎，然而，小刘却一直都没有找到自己心仪的对象。

原因之一是小刘也觉得自己的条件还不错，并不急于找女朋友。他虽然不急，但家里的父母着急啊，看着小刘一直不交女朋友，父母决定给他介绍一个。小刘是个孝顺孩子，没有拒绝父母的好意，就答应与对方见上一面，尽管心里觉得父母多此一举。

没想到，双方见面之后，互相感觉非常好。于是，在简单地交流一番之后，小刘就主动邀请对方一起吃饭。在饭桌上，两个人天南海北地聊起来，感觉特别投机。小刘觉得对方似乎对他也很满意，看来这段感情可以发展下去。

但是，对方的一个动作使小刘受到了沉重的打击。在两人谈得正高兴的时候，对方突然用手捂住了自己的嘴，并且静静地看着小刘。小刘不明白这是什么意思，只是感觉非常别扭。

过了一会儿，小刘发现对方还是保持着这个动作，这让小刘失去了谈话的兴致。随后，小刘匆匆结束谈话，结账之后就先行离开了。小刘不知道，在他们分别的时候，对方曾经在原地深情地望着他远去的背影好长一段时间。从那之后，两个人就再也没有联系过。

时间过得很快，小刘逐渐忘记了那次相亲的事情。后来有一次，小刘在不经意间和一个朋友聊起了这件事。直到现在他还是会因为那个女孩当时的动作感到很郁闷。这位朋友和小刘关系比较好，他听了这件事情后对小刘说："我怎么这么想揍你啊，这么好的机会居然被你错过了。"小刘说："你在说什么啊？当时那个女孩做那个动作多么不雅观，哪来的什么好机会？"他的朋友说："你难道不知道吗？一个女孩子在你面前用手捂住自己的嘴，并静静地看着你，说她心里非常喜欢你，认为你是她的白马王子。你呀，真是情场白痴。那个动作跟雅不雅观没有任何关系！"

小刘听了朋友的解释之后，用手使劲抓了抓自己的头发。虽然心里非常后悔，可惜再也无法挽回了。

在谈话中，当一个女人用手捂住自己的嘴，并且静静地看着对方，这表明她爱上了对方，心里面感到有些害羞。一般来说，女性都十分矜持，她们会尽可能地掩饰自己内心的情感变化。比方说，如果女人心里非常高兴、非常激动，一般是不会放肆地开怀大笑的，通常会用一只手捂住自己的嘴，控制自己的地笑，以此遮掩自己心中的喜悦和激动。在这个事例中，与小刘相亲的女孩之所以在听他说话的时候用手捂住嘴，就是为了掩盖因喜欢小刘而产生的那种喜悦和激动。

当然，在另外一种情况下，人们也会突然用手捂住嘴，那就是在说错话的时候。这个动作是一种下意识的反应，在这种时候，意识到自己说错话并用手捂住嘴的人，心里期待对方没有听到自己刚才在说什么，堵上嘴是为了避免再说错。

触摸鼻子或嘴唇是在撒谎

在和别人说话的时候，我们会经常发现对方有意无意地触碰自己的鼻子或嘴唇，这种行为如果不是出于自身习惯，就是某种心理活动的外在表现。

兰田雨是一位班主任。作为一名老师，她是非常优秀的，不仅很有责任心，而且对每个同学也都非常好。看到同学们都在认真学习，兰老师也非常开心。

兰老师总是希望能够及时了解学生的心理问题，为此，她特意读了一些心理学书籍，希望在学生出现问题的时候能够提供帮助，避免他们走上弯路。

兰老师最近有一些忧虑，因为有几位老师反映她的学生小明总是逃课，没有人知道原因。因为最近这段时间她非常忙，所以一直都没有找到机会和小明好好谈谈，这似乎让小明更加放纵了。终于，兰老师决定立即找小明好好谈一下。

面对兰老师的时候，小明一点儿也没有学生面对老师时的那种紧张感，反而非常淡定。当兰老师问他为什么逃课之后，小明一边用手摸着自己的鼻子一边说：“我妈妈生病了，我爸爸上班没时间，所以我要照顾妈妈，忘记了请假。”

听到这样的解释，兰老师没有多说什么。其实她心里已经知道小明在撒谎了。兰老师之所以这么肯定，是因为她在书上看到过：当一个人一边用手摸鼻子一边说话的时候，这个人可能是在撒谎。而小明还是个孩子，应该不会像成年人一样有这种不自觉的习惯，更不会刻意做出这个动作来掩饰什么。后来兰老师也调查了一番，小明逃课根本就不是像他说的那样去照顾妈妈，而是去网吧打游戏了。

不知道有没有人考虑过为什么人在说谎话的时候会用手摸自己的鼻子。其实因为一个人在说谎话的时候，鼻子部位的血流量会忽然加大，导致鼻子膨胀，使人产生刺痒的感觉，所以人们才会忍不住想去摸鼻子止痒。反过来可以推断出：如果一个人跟别人说话时突然摸了一下鼻子，那么他很可能是在撒谎。

下面再来看一个故事。

小学生亮亮的学习成绩不是很好，分数总是在及格和不及格之间徘徊，大多时候都不及格。每次考试成绩出来，亮亮都非常痛苦，倒不是因为分数很低，而是因为每次考试后妈妈都要检查他的卷子。如果发现不及格，妈妈总是用“现在不好好学习，将来可怎么办啊”这样的话来教育他，甚至偶尔会狠狠地揍他一顿。

为了解决心中的困扰，亮亮想了一个办法，每次考试之后只把成绩及格的卷子拿给妈妈看，而不及格的试卷他会想办法不让妈妈看到。这样，虽然分数低仍然会被妈妈唠叨，但毕竟及格了，不会遭到体罚。有一次，亮亮的考试成绩出来了，语文及格了，数学没及格。回到家之后，妈妈问亮亮："考试成绩出来了吧？把卷子拿给我看看。"亮亮先是用手擦了一下自己的嘴唇，随后说："卷子发下来了，但是没有全发，只发了语文卷子，数学卷子没有发。"于是，亮亮只把自己那张及格了的语文卷子拿给妈妈看了。

我们可以在这个事例中看到，亮亮说谎话的时候做了一个非常明显的动作，就是突然用手擦了一下自己的嘴唇。为什么会出现这样的情况呢？这是因为人们在撒谎的时候，心里或多或少都有些紧张，而精神紧张容易使嘴唇发紧、发热，让人觉得非常不舒服。由于这种情况是突然发生的，而人们的身体又比大脑反应快，于是就下意识地用手去摸一下嘴唇，从而起到缓解紧张情绪的效果。当大脑发现这个动作可能暴露自己说谎的事实时，已经太晚了。

总之，在你和别人说话的时候，如果你发现对方忽然摸了一下自己的嘴唇或鼻子，或者是这两种情况都发生了，你又能确定这种动作不是出于他的习惯使然，也不是因为他的身体不舒服，那你几乎就可以断定他是在欺骗你。

谈话时双手放在膝盖上代表的心理

当人们在倾听别人说话的时候，双手可以有多种摆放姿势，比如放在桌子上、放在身后、交叉在胸前、压在臀部下面、垂在身体两侧等。至于人们交谈时手到底会选择哪种摆放方式，一方面与个人习惯有关，另一方面则与人的心理有关。当然，放在膝盖上也是一种比较常见的方式，而且它和其他手势一样能够反映出倾听者的心理，只是含义有所不同。

双手按住自己的膝盖，这说明他有紧急的事情需要处理，如果你碰到这样的情况，应该马上停止正在进行的谈话。

大刘和小陈是男女朋友，他们非常恩爱，但是因为工作的原因很少有机会相聚，每次见面的时间都非常短暂，更多时候只能通过打电话来寄托相互之间的思念。所以，两个人都非常希望能有一次长时间的相聚。

终于，这一对总是不能同时休假的情侣得到了一个休长假的机会，他们两个人欣喜若狂。等待的日子很快就过去了，两个人终于见面了。正当他们为了假期去哪里玩而商量得热火朝天的时候，一个非常烦人的声音响了起来，那就是大刘的电话铃声。不知道什么原因，小陈在听到大刘的电话铃之后，产生了一种不祥的预感。

大刘接起了电话，小陈只见大刘一言不发，只是听着电话里的人说，但很快开始皱眉，表情越来越凝重。放下电话之后，大刘还是让小陈继续说想要去哪里玩。小陈认为他应该没什么事情，于是继续畅所欲言。可是说着说着就发现大刘不对劲：他坐在那里，开始出现一种非常不舒服的样子，双手按在了膝盖上，膝盖弯曲，一只脚在前，一只脚在后，就像是起跑的动作一样。

小陈是个善解人意的姑娘，对于大刘这样的表现，心里当即猜到了个大概：大刘肯定有急事要处理，他只是不想错过这次难得的机会。虽然很不高兴，但是她还是说："如果你有急事就先走吧，大不了我们下次再一起出去玩。"大刘非常感动，说："亲爱的，真对不起，公司有非常紧急的事需要我亲自处理，这次看来是不能一起出去玩了，下次我一定会补偿你的。你可千万别生我的气啊！"说完之后，大刘便急匆匆地赶回了公司。

我们看到大刘因为着急回公司去处理紧急事务，所以才下意识地做出了用手按住膝盖的动作。当我们和别人谈话的时候，也要留意对方的肢体变化，如果看到对方用双手按着自己的膝盖，我们就该停止说话了，因为对方可能有紧急的事情需要处理，想结束谈话起身离开。相反，如果不揣摩清楚对方的心思，不管对方双手按住膝盖背后的焦急心理，仍然自顾自地继续说话，对方的焦急很可能会变成怒火迸发出来，造成双方的不欢而散的结局。

当然，双手置于膝盖之上这一类动作，不只按住膝盖这一种姿势，还有很多其他姿势。

在谈话中双手交叉，放在膝盖上，通常是在表达对说话者的不信任，或者对他所说的话题的不信任。

小金是一个经常不被别人信任的人，因为从他嘴里说出的事很少是真的，大多数都是假的或错的。所以，从他嘴里说出来的话，别人顶多相信三分。久而久之，就算是他说的明明是对的或真的，也很少有人愿意相信了，就像狼来了的故事一样。可小金偏偏长了一张闲不住的嘴，总是喜欢对别人说这样那样的事。

一天，小金又对别人说起了自己了解的一些八卦趣事。这次的听众是小王。他们两个人虽然是朋友，但关系并不算是非常好。

小金刚开始说的时候，小王听得很认真，时不时还发出笑声，或者是说一句“某某原来是这样的人”来应和他。但是，听了一段时间之后，小王发现小金越说越离谱，就开始不太相信他了。自然而然地，小王就把双手交叉放在了膝盖上。

小金没有发现小王的变化，继续在那里说着那些不能令人信服的事情。又过去了一段时间，小金还在滔滔不绝，小王突然站了起来，大声说道：“够了，你不要再说下去了，难道你没有看出来我是在敷衍你吗？真不知道你为什么还能将这个明显不可信的话题说下去。”

小金一下子愣住了。

从这个事例中我们应该明白：如果发现对方把双手交叉放在膝盖上，那么你就应该马上转移话题，或者是找出更有力的证据来证明自己说的话，因为此时对方心里对你说的话已经持怀疑态度了。所以，如果你想继续交谈下去，就必须说一些让人感兴趣的话题，或者给出让人信服的证据。

在谈话时对方把十指交叉放在膝盖上，通常是在表达对当前的话题不感兴趣。

小康是一个脾气比较直的人，任何事情只要他不认可，就都会表现出来。对于那些大事，他也敢直言自己的反对意见，对于一些无关紧要的小事，他则会通过一些肢体上的动作来表现自己兴味索然。

一天，无事可做的小赵来找小康聊天。一直都是小赵在说，小康在听，可小赵一直在说一些不知所谓的事情，小康听了一会儿之后就感觉非常无聊。他就把十指交叉放在了膝盖上，并且脑袋东张西望，不知道在看什么。

小赵心思敏锐，看到小康的动作之后，立马知道小康可能觉得现在的话题非常无聊，只是不想说出来而已。于是，他马上换了一个小康感兴趣的话题继续说，而小康也马上就有了回应，不再做把手放在膝盖上，东张西望，而是开始正视小赵，仔细地聆听。

这个例子告诉我们，如果在和别人说话的时候发现对方十指交叉放在膝盖上，并且东张西望，那你就应该马上停止谈话，或者换一个话题。因为此时对方认为你说的东西非常无聊，并且一点儿兴趣都没有。

女孩做出托盘手，托住的是一颗爱你的心

男人一般很愿意和女人聊天，特别是面对他所心仪且对方对他也有好感的对象。女人在看着面前自己所中意的男人高谈阔论时，有时会把一只手搭在另一只手上，然后用双手托住下巴，做出这种托盘式的姿势后，静静地看着他。奉劝每个的男人一句话：你一定要知道这个姿势背后的心理，否则你可能会错过一段美好的爱情。

大龙和小凤青梅竹马，两小无猜。俗话说日久生情，随着年龄的增长，情窦初开的大龙渐渐对小凤产生了好感，并且这种感情日益加深。大龙总想向小凤表白，但他始终没有勇气，因为他经过长期观察，觉得小凤对自己没有什么特殊的感情。确实，小凤面对大龙的时候，总是一副漫不经心的样子。这让大龙既失望又伤心，更感到害怕。他害怕自己向小凤表白会遭到拒绝，也害怕表白失败之后连朋友都做不成。所以，他一直都在犹豫。

大龙虽然在感情上不顺利，但在事业上却顺风顺水。刚工作时间不长的他，已经接连两次升职加薪了。当第三次升职时，他决定找人一起庆祝一下，青梅竹马的小凤当然也在受邀者之列，而他这次所邀请的人只有小凤一个。

在饭桌上，两人面对面坐着，大龙兴致勃勃地谈论着自己升职的原委和工作心得，颇有一副指点江山的气势，而小凤则坐在大龙的对面，一言不发，静静地听着大龙在那里高谈阔论。在大龙说到精彩的地方时，小凤还会露出微笑。大龙越说越来劲，越说越精彩。他一边说一边时不时打量小凤，突然看到她放下了手中的筷子，做出了一个让大龙意想不到的动作：把一只手搭在了另一只手上，然后双手撑住下巴，全神贯注地听大龙说话。大龙看到小凤做出这个动作之后，顿时欣喜若狂，断定小凤做出这样一个动作说明她心里对自己也有好感。他决定抓住机会，于是激动而满含深情地对小凤说："做我的女朋友吧，我从小就喜欢你，这么多年一直都希望有一天能够梦想成真，我一定会让你幸福的！"

小凤并没有正面回答大龙，只是低下了头。大龙还发现，小凤轻轻地放下了自己的双手，双颊开始泛红。他知道小凤这是害羞了，也就是说她同意了。大龙趁机坐到小凤身边，轻轻地牵起了她的手。

当一个女人在听一个男人讲话的时候，突然间做出了托盘式的手势，即把一只手搭在另一只手上，并双手托住下巴，说明这个女人心里对正在讲话的男人有一定的好感。这种好感并不一定是爱，也可能只是单纯的仰慕或羡慕。不过，爱情都是无中生有的，很容易从其他情感转变过来。

女人在男人面前做出托盘手并抬头看向他，原因都出在男人那边。

第一，女人被男人的外貌所吸引，陶醉于他的潇洒外貌时，会不由自主地做出这样的姿势。这个时候，女人只是在心里觉得对面的男人很好看，至于他到底在说什么，她可能根本就没有在听。

第二，女人被男人的学识和口才征服时，也会下意识地做出这个动作。这种姿势传递出的情感，大多是心里对对方学识和口才的崇拜，认为听对方谈话非常舒服，是一种身心上的享受。

第三，如上面的例子所示，女人对自己倾慕已久的男人也会主动做出这个动作。这个时候，女人更多的是为了展现自己妩媚、温柔的一面，希望对面的男人能够看到自己的动作，理解自己的心意。

听起来情况有点复杂，但如果你是一个男人，你根本不需要弄清楚一个女人在你面前做出托盘手时到底是怎么想的，你只要记住这个手势说明她在心里对你有好感就可以了。如果你对她也有好感，那么就一定要趁机勇敢地表达出来。这样，很可能下一刻你就会收获真爱。

第四章

身体姿势代表的心理

双脚动作，最难伪装

双脚是人的身体距离大脑最远的部位，不过脚对心理状态的反应，比身体的其他部位更为准确。

心理学家做过一系列的实验表明，当一个人的心理发生变化的时候，身体下半身的动作会比上半身提供的信息更多，并且更加准确、更加可信。比如当我们兴奋的时候，手可能没什么动作，但是双脚却会不由自主地跳起；当我们非常生气的时候，脸上可能看不出任何表情，但是却会使劲跺脚。之所以出现这种情况，是因为我们心理情绪发生变化时，我们总是会把精力放在对身体上半部分的控制，而忽略了身体的下半部分。

我们在和别人面对面谈话的时候，通常会更加关注对方身体的上半部分，特别是脸部，基本上不会去看对方身体下半部分的动作。所以当我们心理上有什么变化，又不想让对方看到，就会下意识地把更多的精力用在隐藏身体上半部分的动作上，特别是脸部，这样自然就会忽略对身体下半部分的控制。此时双脚处于不受意识控制的状态，因此对人的心理变化的反映更加准确和真实。

我们可以通过一些具体的双脚动作，来分析一个人在做出这样的动作时的心理状态。

一只脚在前面，一只脚在后面。这个动作能够缓解人们内心的紧张情绪。因为这个动作会使人们觉得自己在空间上占据的位置更大，处于优势的地位，因此能够增加心里面的安全感。当一个人做出这个动作时，说明他的内心非常不安，并且希望能够通过这个动作来平复和掩盖心中的惶恐。

一只脚放在另一条腿上。这个动作有一个形象的称呼，叫作“4 字形”姿势，通常出现在一些有自信的男人身上。当一个男人做这个动作的时候，说明他的心里面过度自信，甚至是自大，完全不会尊重别人。所以，这个动作通常会给别人留下不好的印象，甚至可能会耽误自己的前途。

双脚跳起。这个动作一般是在人们高兴的时候才会出现。如果有人做出这个动作，说明他的心里非常激动，并且激动的程度已经无法用言语来表达了。

使劲跺脚。这个动作一般是在人们生气的时候才会出现。如果有人做出这个动作，说明他的心里非常愤怒，已经到了必须要发泄出来的程度。

双脚来回抖动，这个动作叫作“快乐脚”。这是一种非常明确的信号，它告诉我们，这个人此时心情大好，内心充满了喜悦之情和满足感。

把脚伸向前方。这个动作只能发生在双方坐着谈话的时候。把脚伸向对方的时候，相当于在空间上和对方拉近了距离。因此，如果有人在和别人谈话的过程中做了这个动作，说明他的心里面对对方很感兴趣，想要向对方表达善意。与之相反，如果一个人在和别人谈话的时候把脚向后缩，说明他并不喜欢对方，在心里想和对方保持一定的距离。

转动双脚。这个动作一般发生在两个正在谈话的人，发现有第三个人走过来的时候。如果谈话者发现第三者之后，把双脚转向了第三者，说明他心里喜欢这个人，并且欢迎这个人的到来。如果他们没有转动自己的双脚，或者把本来朝向第三者的双脚转向了其他的地方，则说明他们的心里面讨厌这个人，并不欢迎这个人加入到他们的谈话当中。

脚后跟紧贴地面，脚尖轻轻敲打地面。这是一种人们在边听音乐边打节奏的时候经常做的动作。如果有人在和别人谈话时做出这个动作，一方面可能是他此时心里面非常高兴或得意，另一方面可能是他正在思考某些事情。

频繁踢脚。这是一个表达拒绝的动作。当一个人在谈话过程中频繁地做出踢脚的动作时，说明他此时已经心不在焉，不想再继续听对方说当前的话题了。

用脚尖点地。这是一个表示警告的动作。当一个人做这个动作的时候，说明已经有人快要触及他的底线了，而这个动作就是想告诉对方，不要试图触及自己的底线，否则就要不客气了。

一只脚的脚踝搭在另一条腿上或膝盖上。这个动作能够表达出一种不服输的精神。如果一个人做出了这个动作，可能是因为他正在面临失败的结果，但是心里面却并不能接受。也可能是因为别人正在试图在某些事情上说服他，但是他却坚持自己观点和态度，心里面对对方的言语并不信任。

脚趾向上翘。这是一种心情愉悦的表现，当一个人下意识地做出这个动作时，可能是因为他此时心里非常高兴，也可能是因为他看见了自己感兴趣的东西而感到激动。

踮起脚尖。这个动作能够表现出一种殷切的心态。如果一个人做出这个动作，说明他对当前自己正在关注的事情持有一个积极的态度，并且希望自己也能够参与到其中。

腿部的几种动作意味着什么

从在身体上所处的位置来看，腿和脚一样，同样处于身体的下半部分。也就是说，当一个人想要通过控制自身的动作来掩盖内心情绪的变化时，除了脚部，同样也会忽略对腿部动作的控制。因此，腿部的动作也能够准确、真实地反映出一个人的心理状态。

抖动双腿。一般来说，喜欢做这个动作的人，都是那种非常自大、性格保守、从来只考虑自己很少考虑别人，并且占有欲特别强的人。同时，喜欢做这个动作的人也都是一些比较聪明的人。如果想要了解一个人在做这个动作时的心理状态，必须要根据具体的情况来看。如果一个人在身体十分疲劳时抖动双腿，那么他是为了减轻疲劳。从医学角度来讲，在疲劳时抖动双腿是一种神经反射，能够放松腿部的肌肉；如果一个人是在心理压力过大的时候抖动双腿，说明他是想要缓解压力，同时平复自己急躁的心情；如果一个人在和你谈话的时候经常抖动双腿，那你就要对这样的人多加注意，甚至要多加防范，因为这样的人大多数是非常自私的，很可能在和你谈话的时候，心里面想着怎样才能够从你这里获取更多的利益。

双腿分开。这是沉稳、坦诚和自信的表现。如果一个人站立或者坐着的时候双腿分开，说明他此时非常有自信，心里面觉得自己无论面对什么样的困难都不怕。如果是在和别人谈话的时候双腿分开，说明这个人心里面没有隐藏任何事情，非常坦诚和淡定。这里要注意的一点是，并不是说一个人在做这个动作时，腿分开的幅度越大，就能表明沉稳、坦诚和自信的程度越大，这两者之间并不存在必然关系。人们双腿分开的幅度，主要是和性别、衣着、身体情况等因素相关。

双腿交叉，一条腿搭在另一条腿的膝盖部位。如果一个人做出这个动作，不论男女，不论是否是在和别人谈话，都说明这个人此时心里面非常自信，无论面对任何论难，他都能沉着应对。

双膝靠拢在一起，双脚接触地面，并有目的性地指向某个人。如果一个人在和别人谈话的时候做出这个动作，说明此时他心里面非常诚实，并没有在谈话过程中有任何向对方撒谎的行为。

双腿交叉，一条腿搭在另一条腿的膝盖上面。如果有人在和别人谈话时做了这个动作，说明他心里面非常担心对方不相信自己所说的话，同时也希望通过这个动作能够给自己打气。

在与别人面对面的时候，双腿朝向其他方向。如果有人在和你谈话或者面对你的时候，眼睛在看着你，身体也是朝着你的方向，但是双腿却朝着其他的方向，说明这个人此时在心里面并不想和你说话，也可能他感觉很不自在，想要离开或是逃跑。

不断地、有节奏地拍打大腿。如果你发现别人在和你谈话的时候做出了这个动作，那么你就应该停止说话了，因为对方的心里面非常希望能够离开，但是却碍于礼貌等因素，不能直接就走，他心里面非常烦躁。

跷二郎腿。这是一个很多人经常会做的动作，但是它却是一种不礼貌的动作。如果一个人在别人面前这样做，说明他根本就没有把对方放在心上，没有考虑过对方有什么样的感受。

把双腿伸向别人的面前。如果有人在面对你的时候，把双腿伸到你的面前，说明这个人在心里面希望你能够注意到他，并且服从他。

双腿交叉，同时双臂也相互交叉。如果有人在和你谈话的时候做出了这个动作，那么你就应该放弃这次谈话了，因为对方的心思根本就没有在你们谈论的话题上，他很可能在想其他的事情。

双腿交叉，但是双臂张开。通常做这个动作的人都非常冷静。如果有人在和你谈话的时候做出了这个动作，说明他听了你说话的内容，心里面却并不一定认同你的说法，但是为了表面上给你留下一个好印象，所以故意做出这种让你觉得他接受了你的想法的动作。

双腿并拢，双手放在膝盖上。通常这个动作会显得非常端正，但是却很生硬。如果一个人做出了这个动作，很可能是因为他处在一个陌生的环境当中，心里面胆怯、害羞，对于适应新的环境缺乏信心。如果是在面对异性的时候做出这个动作，说明这个人心里面非常喜欢对方，但是却不知道应该怎样表达出来，所以感觉有一些局促不安。如果有人在面对陌生人的时候做出了这个动作，说明这个人心里面觉得对方给了自己很大的压力，因而非常拘谨，不敢说话。如果有人在做这个动作时非常端正，但是却并不生硬，就会出现不同的情况。如果是一个男人在和别人谈话时做出这个动作，说明他心里已经不耐烦了，并不想继续谈下去。如果是一个女人做出了这个动作，说明她非常注重自身的修养，在心里面害怕别人认为自己是一个没有修养的人。

双腿并拢，平直伸出。这个动作是内心坚定、不容易被他人意见所左右的人经常做的动作。如果你在和别人谈话时，发现对方做这个动作，说明这个人值得信任，你可以把自己的秘密说给他听，他绝对不会把你的秘密宣扬出去。但是有一点需要注意，这并不代表对方在心里面也同样信任你，对方可能不会轻易向你吐露自己心里的秘密。

双腿并拢，向左或者向右歪。这个动作很少出现在男性身上，在女性身上则很常见。经常做这个动作的人，大多是那种自尊心和嫉妒心都很强的人。如果有人在谈话中做出了这个动作，那么和他谈话的人一定要注意自己的言语，不能说过于伤人的话，否则很可能会伤到对方的自尊心，使其在心里面产生怨恨；也不能过度炫耀自身，这样很可能会刺激到对方的嫉妒心，使对方在心里面产生怨恨的情绪。

双膝并拢，小腿分开呈八字形。这是一种女性化的姿势，如果有人做出了这个动作，说明他非常保守，不能够接受先进的事物或理念。

双膝分得很开，向前伸，双脚回缩。这是那种非常“八卦”的人经常做的动作，他们会想方设法打探出你的秘密，随后添油加醋地传播出去。如果一个人在和别人谈话的时候做出这个动作，说明他们心里面对当前的话题根本不感兴趣，心思早已经飞走了。

右腿交叠在左腿上，两条小腿相互靠拢。这是那种表面和内心有极大反差的人经常做的动作。他们表面上看起来可能非常热情，但是内心却非常冷漠。如果有人在和别人谈话的时候做出这个动作，说明他在心里面根本就不想搭理对方，但是还是会尽力和对方周旋，尽量掩饰自己心中真实的想法。

双腿分开，两脚跟靠拢。这是一种基本不会出现在女性身上的动作，因为这个动作有些不雅观。如果有人做出了这个动作，说明他的心里面充满了优越感，希望自己能够成为核心人物。

单腿弯曲，另一条腿伸直。如果有人在和别人交谈的过程做出这个动作，说明他心里想要拒绝对方。

要注意女性坐着时的双腿动作

因为性别上的差异，导致男女之间在做某些动作的时候会产生一定的差异，甚至有一些动作只有男人才会做，而有一些动作则只会出现在女性身上。特别是在女性身上，会有很多独特的动作，比如腿部动作。

双腿交缠，即把一只脚的脚尖紧贴在另外一条腿上。这个动作基本上都是出现在那些性格胆小、羞怯的女性身上。如果有一位女性在你面前做出了这个动作，那你就要适时地对她进行安抚，因为她的内心正处在一种莫名的焦虑和不安当中，可能是因为对你的某些行为产生了恐惧，在心里面觉得你是一个危险、需要防范的人，因此希望自己能够隐藏起来，就像是乌龟躲到厚厚的壳里一样。这个动作基本上都是在无意识的情况下出现的，如果有人故意做出这个动作，那就说明这个人一定是那种性格很强势的女人，希望自己可以驾驭一切，因此才做出这个动作，希望能够吸引那些性格软弱的男人来为她效力。

双腿紧贴在一起，脚尖向内。这是性格软弱，总是把自己当成弱者的女人经常做的动作。如果有一个女性在你面前做了这个动作，说明她的心里面想要依赖你，非常希望你能够给她提供依靠，或者是出面为她解决一些问题。

双腿外张。这个动作大多出现在那种有个性、豪爽、任性、强势的女性身上。如果有女性做出了这个动作，说明此时她心中的想法非常明确，并且一定会雷厉风行地按照自己的想法去做。即使是所有人都不同意或不看好她，她依然会我行我素。

双腿在膝盖上交叠，一只脚的脚尖着地，小腿呈弯弧形。这是那种表面上看起来十分柔弱，但是心里面却非常沉稳的女性经常做的动作。如果有人在你面前做出这个动作，那么无论她表现得怎么柔弱，你都不应该轻易相信她，因为此时她的心中一定有了明确的想法，只是不想在你面前表现出来。实际上这就是一个表明她对你有所防范的动作。

双腿在膝盖上面交叠，放在上面那只脚的脚尖轻微上扬，双手则放在膝盖上。这是一个表达警告的动作。如果你在和某个女性谈话时，对方做出了这个动作，说明她是在警告你，她希望你不要离她太近。

双腿在大腿部位交叠，小腿相互垂直。这是那种性格孤僻，但是头脑冷静的人经常做的动作。如果有女性在和你谈话时做出了这个动作，可能说明她心里面正在仔细思考你说的话，也可能说明她对你说的事情根本就不关心，心里面觉得你说的事情对于她毫无意义。

双腿脚踝交叠，膝盖弯曲。这是一种最能够展现出女性魅力的动作。这个动作通常都是一些女性刻意做出来的，并不是那种无意识的情况下做出的动作。如果有女性在你面前做出这个动作，那么你就要小心了，因为她这是在故意诱惑你，实际上她心里面只是希望通过你来达到她的某些目的而已。

将一条腿横放在另一条腿的膝盖上，另一条腿脚尖点地，两条腿成直角。这个动作通常是那些性格直爽的女性才会做的动作。当一位女性做出这个动作时，说明她此时内心坚定，无论什么事情都不能改变她心中的想法。

男人的肩膀女人的腰，心理活动不打自招

心理学上认为，一个人的肩部动作同样能够表达出人的心理状态。一个人如果产生了攻击别人、展示威严、胆怯、防卫、平静、安心等心理，都有可能表现在不同的肩部动作上。

肩膀向后缩。我们都知道，人的肩膀在产生某种动作之后，手臂自然也会随之摆动。肩膀向后缩这个动作，像是一个人想要出手打人时的准备动作。因此这个动作含有攻击的意思。当一个人做出肩膀向后缩这个动作的时候，说明此时他的内心非常不平静，可能是正在努力压制着心中对某件事或某个人的不满，他正处在崩溃的边缘，愤怒即将要爆发。

肩膀向前挺出。这个动作做起来给人的感觉像是要把自己的身体蜷缩在一起一样。如果一个人做出这个动作，说明他此时有着非常大的心理压力，他的精神负担很重，迫切地需要别人的安慰。

张开双臂的肩膀。这个动作做出来的时候，像是人的心胸能够容纳万物一样，代表的是包容。如果有人做出了这个动作，说

明此时他的心里面充满了责任感。

耸肩。这个动作是人们最常做的一种动作。一个人做出这个动作，可能是因为他的内心充满不安和恐惧，也可能是心里面对于自己所面对的人或事感觉无所谓。

很多人认为，肩膀是象征男性尊严的部位。比如我们形容一个男人的时候，就经常会说他有宽阔的肩膀。所以，前面说的不同肩部动作代表不同的心理，基本上特指男性的心理。既然有一个部位的动作是专门特指男性的，那么有没有一个部位是专门特指女性的呢？当然有，那就是腰部的动作，不同的腰部动作能够准确反映出一个女性的心理。女性的腰部相对于男性来说是非常微妙的，她们常常用无声的线条来表达心里的感受。线条是人类除了声音和色彩之外，最有表现力的无声语言。

弯腰。这个动作会让女性的曲线变得更加流畅，给人一种光滑柔美的感觉。如果一个女人做出这个动作，说明她在心里对别人十分服从或顺从。

仰腰。这个动作代表的是张开怀抱，而且没有任何防备。如果一个女人在一个男人面前做出这个动作，可能是因为她在故意诱惑这个男人，也可能是因为她的心里面对这个男人非常信任。

叉腰。这个动作可能很多人都见到过，通常都是在女人吵架的时候见到。从这里就可以看出，当一个女人做出这个动作的时候，说明她的心里非常愤怒，并且这种愤怒带给了她无穷的力量。

扭腰。这个动作是性的象征。如果一个女人在一个男人面前把腰扭成了“S”形，说明她想要吸引这个男人。

抚腰。这是一种自我安慰的行为。如果一个女人做出这个动作，说明她的心里非常孤单，但是却没有人能给予她安慰，只能自己安慰自己。

几种典型的站姿说明什么

心理学家莱恩德曾说过：“人们日常生活中做出的各种习惯性行为，实际反映了客观情况与他们心理情绪之间的一种特殊的对应变化关系。”这些习惯包括站立、坐着、走路时的姿态和动作等。

不同的人在站立的时候，会呈现出不同的姿态。有人喜欢把双脚并拢在一起，有人喜欢把双脚岔开，有人喜欢把头抬得高高的，有人喜欢把头低下来，还有人总是习惯性地东倒西歪，总之是千姿百态。这些不同的姿势，代表着人的不同的心理状态。

站立时让人感觉弱不禁风，弯弯曲曲、东倒西歪，胸不挺，肩不平，还低着头。通常这样站立的人都是那些有很严重的病症的人，他们长期受病魔的折磨，一辈子离不开药罐子，这种情况已经磨没了这些人挺直站立的勇气和能力，因此只能够这样站着。如果身体没有任何的病痛，却采用这样的方式站立，那么很可能是因为心里面缺乏自信，不敢承担任何风险、责任和义务，做任何事情都害怕冒险。还可能是因为做贼心虚，心里面害怕自己想隐瞒的事情被发现，所以根本就不敢理直气壮地站着。

站立时显得有些佝偻。采用这种姿势站立的人，通常都有很强的戒备心，不容易被接近，因此很难和别人成为朋友。当一个人采用这种姿势站立的时候，很可能他的心里面充满了戒备心理，也可能正在心中酝酿某些阴谋诡计。

站立时像松树一样挺拔，双腿分开直立，抬头、挺胸、收腹，目光直视。有这样站姿的人，心里面一定充满了自信、正义感和责任感，同时觉得自己有无限的精力。这种人胆识过人，他们不会因为任何困难而畏缩。

有的人像是不倒翁一样站立着，遇到南风就向北边倒，遇到北风就向南边倒，既不是直立，也并不能说是弯弯曲曲的姿势。这种站姿介乎前面两种站姿之间，一般来说采用这种站姿的人，都是那种心里没有主见、做什么事情都优柔寡断的人。还有一些人在这样站立的时候，很可能在心里面算计着某些事情，或者是在想怎么样去对别人阿谀奉承和溜须拍马。

采用“稍息”的姿势站立。当一个人采用这种姿势站立的时候，说明此时他的心中充满了无穷的自信心，觉得自己能够解决任何事情。

站立时双手叉腰。一个人采用这种姿态站立的时候，可能是心里面非常有自信，或者是在心理上非常有优势，觉得自己能够用最简单的办法、在最短的时间内达到目标，他非常期待自己能够一鸣惊人。也可能是心里面没有一点儿信心，但是为了取得一些心理上的优势，加强自己的气势，因而装腔作势。还有可能是心里觉得非常无奈，比如说守门员在己方队员进了乌龙球之后，经常就会这样站在那里。

站立时双手扶在胯上。当一个人采用这种姿态站立的时候，说明他此时心里面非常急躁，希望能够把自己面对的事情一下子就解决掉，也希望能够想到一个办法起到立竿见影的效果，但是却忘记了很多事情欲速则不达。

站立时微收双肩，俯首躬身。这种站姿显得温和、敦厚、柔顺，会给别人留下非常好的印象。但是，采用这种姿势站立的人，大多数都爱慕虚荣，希望能够有机会展现自己，但是却缺乏信心，不敢冒险，也不敢承担风险，因而他们心里面是非常矛盾的。

站立时习惯性地靠在其他东西上。当一个人总是用这样的姿势站着的时候，如果不是因为身体非常累或者整个人非常懒散，那就说明他遇到了挫折，受到了打击，导致心里面对某些事情失去了信心，使得整个人显得无精打采的。

站立时习惯性地抖动腿脚。在站着的时候，习惯性地抖动小腿或脚尖，进而带动腿部的抖动，有时候还用脚尖去磕打另外一只脚，或者用脚掌拍打地面，这样的人给人的感觉是心不在焉，在他们的心里面可能对任何事情都不关心，他们只关心自己的事情。当然也可能是觉得无聊，没什么事情能让他们用心去听、去看、去做。

站立时双腿交叉并拢，一只手托着下巴，另外一只手托着这只手臂的肘关节。当一个人采用这种姿势站立的时候，说明他心里面正在思考某些事情。

双腿双脚并拢，双手背在身后。当一个人使用这种姿势站立的时候，说明他是发自内心地对别人服从，就像是在对别人说“你说怎么做我就怎么做”一样。

站立时双脚不刻意摆出什么姿势，非常自然，同时左脚在前，左手插在裤兜里。这种姿势给人的感觉非常斯文，这种人通常会给别人留下一个比较好的印象。当一个人采用这种姿势站立的时候，说明他的心中非常向往自由，不喜欢受到任何约束。

双脚自然站立，但是双手一会儿插进裤兜，一会儿又抽出来。给人感觉非常忙碌，但是事实上并不是这样的。当一个人用这样的姿势站立的时候，一定是因为他的心里面局促不安，也可能是因为碰到了某些事情，而产生手足无措的感觉。

双脚平行，双手交叉抱在胸前。这是一种攻击性的姿势，给人感觉非常强势、大胆。当一个人用这样的姿势站立的时候，他的心里面一定是充满了斗志和攻击意识，他迫切地希望能够向别人发起挑战。

双脚自然站立，双手十指在肚子上相扣，大拇指来回搓动。这是一种很少见的站姿。如果一个人采用这样的姿势站着，说明他心里面非常希望自己能够出风头，进而展示自己，并且压制其他人。

有人说“站姿是一面镜子”，这句话有一定的道理。在社会交往中，站姿不仅能够反映出一个人当时的心理，同时在很多时候也能决定别人对你的印象，好的站姿会使别人对你的第一印象加分，不好的站姿则让你的形象一落千丈。那么在和别人进行交往的时候，我们究竟应该采用什么样的站姿，才能够给别人留下一个好印象，并且不让别人发现我们想隐藏的内心活动呢？

单单是从站立的姿势上来看，无论是男性还是女性，都应该给人一种挺直、高大、美观的感觉，一般来说丁字步是最好的：即两腿略微分开，一只脚在前面，一只脚在后面，略微交叉，身体重心放在一条腿上，用另一条腿进行平衡。采用这样的站立姿势，一方面会站得非常稳固，另一方面移动起来也非常方便，同时还没有那种呆板的感觉。

对于男性来说，在站立的时候，身体的各个部位一定要舒展开，头部不能下垂，但是也不能仰得过高，颈部不能扭曲，肩膀不能松懈，胸部要挺起，背部不要驼，腿部也不要弯曲，脊椎与地面保持垂直，并且把重心放在两腿中间，这样就能够有“高、挺、直”的感觉。

对于女性来说，在站立的时候头部可以稍微低下一点儿，这样能够展现出女性的温柔之美。胸部要挺起，腹部微收，臀部要放松，并向后凸，这样既能够突出女性的曲线美，也能够让女性显得更加有自信。

在站立的时候，如果想要给别人留下一个好印象，有些姿势是不能做的，比如不能双手交叉，不能抱起双臂放在胸前，不能把两只手插到口袋当中，不能东倒西歪或者是靠在其他物体上，同时无论在什么情况下，最好都要和别人保持一定的距离。

坐姿与心理

坐姿有很多种，有的人喜欢把上半身挺得非常直，有的人喜欢把手放在椅子的扶手上，有的人喜欢跷二郎腿，有的人从来都是低着头，总之，只要细心观察，什么样的坐姿都能够看得到。心理学研究表明，通过不同的坐姿，我们能够了解到人的各种不同的心理。

深坐。这种坐姿是把身体向后仰，靠在椅背上，给人的感觉是深深地坐在椅子里一样。当一个人采用这种坐姿就座的时候，说明他此时的内心非常安稳，非常自信，甚至会有一种淡淡的优越感。如果采用这种坐姿就座的时候，双手环抱在胸前，则说明这个人有些盲目自信，并且非常顽固，无论什么事情都坚持自己是对的。

浅坐。即坐在椅子上的时候，只坐椅子的前半部分，让后背和椅背之间有一段距离。采用这样坐姿的人，有可能是因为赶时间，不想继续坐在这里，但是因为某些原因不能离开，所以他心里面非常着急。还可能是因为想要防备别人，不希望自己心里面的恐惧和不安被人发现。

盘坐。即双腿盘起来坐在某个地方。如果一个人采用这个姿势坐着，说明他此时有一种防范性心理，希望自己心里面的紧张和恐惧的情绪不被别人发现。或者是说明这个人此时心里面非常害羞和扭捏。这个坐姿出现在男性和女性身上，会有一些微小的差别：当男性采用这种坐姿的时候，通常会把双手握成拳头放在膝盖上，或者是用双手紧紧地抓着椅子的扶手；而女性在采用这个坐姿的时候，则会把双手自然地放在膝盖上，或者是把一只手放在另一只手的上面，随后放在身前。

斜躺着坐。一般采用这种坐姿的人，说好听点儿是不拘小节，说不好听的则是过于随便，不尊重别人，秀自己的优越感。想要采用这样的坐姿就座，并且不被别人挑毛病，或者不让别人多想，那么自身必须有一定的资本，否则很容易就会得罪别人。总之，最好不要用这种坐姿。如果是一个身居高位的人采用这样的坐姿就座，说明这个人的心里面已经自我膨胀，感觉自己面对别人的时候就是居高临下的，没有任何尊重别人的想法。如果不是一个身居高位的人，则说明这个人的心里面并不轻松，甚至对别人充满了怀疑，内心极度不安、自卑，对外界的事物有很强的抵触情绪。如果一个人这么坐的同时还把双手抱在脑后，双肘朝外，则说明这个人的心中有着强大的自信，并且充满朝气和活力。

坐着的时候喜欢背靠着别人。即深深地坐在自己的座位上，但是背部一定要靠在别人的身上。当一个人用这样的方式坐着听别人说话的时候，说明此时他的内心中有着很强烈的优越感，对于别人的讲话漠不关心，根本不当回事儿，甚至希望对方能够尽快结束谈话。如果有人用这种姿势坐着，并且把胸部高高挺起，头朝向天花板，用自己的下眼皮对着对方，说明此时他的心里面充满了轻蔑和厌恶之情。如果采用这种坐姿的同时握紧自己的双拳，放在桌面上，说明他正在威胁你和恐吓你，他在心里面非常恨你。如果是面带微笑，但是整个身体却显得懒洋洋的，说明他对你很轻视。

坐着的时候上身前倾。如果有人在听你谈话的时候用这样的姿势坐着，说明他的心里面对你谈话的内容非常感兴趣，迫切希望能够听到你接下来所说的内容。

坐着的时候上身向后或者向左右微微倾斜。采用这种坐姿的人，心里一定非常放松。如果倾斜的角度过大，说明此时这个人的心里已经对某些事情感到了厌烦。

坐着的时候挺直腰杆。如果一个人用这种姿势坐着，可能是因为他的心里对对方非常尊敬，也可能是因为此时他整个人非常严肃，还可能是他想要取得一些心理上的优势。如果这个人的脸部表情显得很僵硬，并且靠在椅子背上，说明这个人此时内心非常紧张。

坐着的时候身体弯曲，并且把双手夹在大腿中间。这通常是那种缺乏自信的人采取的防卫性姿态，也有很多喜欢在心里空想，却从来都不付诸行动的人，经常采用这种姿势坐着。当然，也有可能是因为天气寒冷，要么就是在迷惑别人，不希望别人察觉到他们心里面的恐惧。总之，这样坐着的人根本就没有把心思放在眼前的谈话上。

坐着的时候喜欢侧身坐在椅子上。这样的人通常非常任性，心里面想的也只有自己，觉得只要自己高兴就什么都可以，从来不会在意别人的感受。

坐着的时候喜欢把椅子反转，跨骑在上面。如果一个人在和别人谈话的时候用这样的姿势坐着，说明他心里面已经对当前的话题感到厌烦了，不想再继续听下去了。同时，这还是一种带有攻击性的防卫行为，潜藏的意思就是“你要是再说下去，我就叫你好看”。

猛然坐下。如果一个人在和别人谈话的时候，突然做出这样的行为，说明此时他的心里满怀心事，非常焦躁不安。突然做出这样的动作，其目的是掩盖自己的心事。

女性坐在椅子上，脚下的高跟鞋时而脱下，时而穿上。如果一个女人在男人面前做这个动作，就说明她在心里面对这个男人有好感，或者是她内心中的欲望非常强烈，想要勾引对面的男人。

坐立不安，手足无措。这是我们心里紧张的时候最常出现的表现。如果一个人做出了这个动作，就说明此时他的心里面非常紧张，根本就不可能集中注意力。

从走路姿势看人

不同的人，走路的姿态也不同。有的人步履蹒跚，有的人风驰电掣，有的人蹦蹦跳跳，有的人踉踉跄跄。实际上，这些姿态和人的心理情绪是息息相关的。很多人认为这是身体结构不同所致，不过这只是其中一个方面，大多数人在走路时的步法、跨步的大小和姿势等，更多是随着自己的内心情绪变化而变化的，就像是人在高兴的时候会蹦蹦跳跳一样。那么，不同的走路姿态，到底对应着什么样的心理呢？

走路的时候昂首阔步，目视前方。如果一个人以这样的姿势走路，说明他的心里面非常自信，但有些以自我为中心，非常渴望得到别人的注意和重视。

走路的时候躬身低头，双肩微缩。如果一个人以这样的姿势走路，说明他内心极度缺乏自信、胆识和冒险精神，他心里面非常矛盾，渴望有机会能够表现自己，但又不敢表现，索性就希望自己不要引起别人的注意。

走路的时候优哉游哉地来回踱步。以这样的姿势走路的人，通常都是那种无所事事，并且没有上进心的人，他们一般心里面想的都是过一天算一天，至于其他事情根本就不会放在心上。

走路时的步态给人的感觉有点儿偷偷摸摸的。如果一个人这样走路，说明他的心里面非常自卑，对很多事情都感到畏惧，并且不希望自己得到别人的注意。

走路的时候步伐急促。以这种姿势走路的人，给别人的感觉总是非常匆忙，好像有做不完的事情一样。当一个人用这样的姿态走路的时候，如果不是因为他有什么事情着急去完成，就说明这个人是典型的行动主义者，心里面从来不会胡思乱想，只要是自己认准的事情就会努力去做。如果表现得慌不择路，说明他的心思并没有在走路上，肯定是遇到了某些棘手的事情，心里面正在想办法解决。

走路的时候步伐平缓。这种走路的姿态经常出现在那些身体有疾病或者是年龄大的人身上，一些涉世很深的中年人也会以这种姿态走路。如果一个人不属于这几类人，却用这样的姿态走路，就说明他此时非常无聊，没有什么事情可以做，所以放慢脚步，希望可以关注到路边值得注意的“风景”。另外，以这样的姿态走路的人，通常都非常务实，心里面绝对不会去想那些好高骛远的事情，想到哪儿就做到哪儿，典型的现实主义作风。

走起路来慢吞吞的。这样的走路姿势经常出现在那些早衰的底层劳动者身上、身体有某些疾病的人，或是老人身上。如果不是这几类人却以这样的姿势走路，要么是心情郁闷，感觉到非常疲倦；要么就是内心矛盾，正在因为某些事情而犹豫不决；要么就是游手好闲，不务正业，没有进取心。

走起路来不急不缓。这是那种有教养、遇事冷静沉着的人最常使用的走路姿势。如果有人用这样的方式走路，说明他心里面对于现在的生活或者眼前的事情非常满意，觉得不需要去改变什么，只要自己开心快乐就好。

走起路来左摇右摆。以这种姿态走路的大多是女人。这种女人表面上看起来可能非常轻佻，实际上却并不是这样的，这个姿势只是为了表达她心中那份热情和善良。如果是一个男人用这样的姿势走路，说明他的内心非常软弱，缺乏责任感，并且非常奸诈，他心里面不想让别人看不起自己，也不希望别人对不起自己。

走路的时候身体前倾。用这样的姿势走路的人，往往性格比较内向。他们表面上看起来很冷漠，但实际上心里面非常珍惜自己的友情和感情，他们不善于表现自己，也缺乏必要的冒险精神。

低头走路。在走路的时候，把双手插进衣服的口袋或者是背在身后，脚步拖沓，时快时慢，时不时还停下来踢一下路边的石头，或者是捡起什么东西看一下，反正就是不抬头看路，只顾着低头向前走。当一个人用这样的姿势走路的时候，说明他可能有很重的心事，可能正在因为一件困难的事情而感到焦头烂额，进退维谷，觉得自己好像陷入到了绝境当中。

走路时的步伐像军人一样。走路的时候，双手在身体两侧有规律地摆动，并且伴有很强的节奏感，就像军人出操一样。用这种姿势走路的人，也和军人一样，内心非常坚定，有很强的信念，只要是自己认准的东西就会坚持下去，内心不会受到任何外界因素的干扰。

内八字、罗圈腿。用这样姿势走路的人，性格都很低调，他们在心里面并不希望被别人注意到，因为那会让他们感到不自在和烦躁不安。

走路的时候用力并且急促，但是上半身却基本保持不动。用这种姿势走路的人，通常都是那种内心非常保守的人，他们不喜欢交际，对于自己心里面认为不可能做到的事情，他们是绝对不会投入任何时间和精力的。

用跳跃的方式走路。走起路来来连蹦带跳，每跨出一步就向前跳一步。用这种姿势走路的人，心情一定非常好，他们可能是得到了意想不到的收获或者是盼望很长时间的东西。

女性在走路时的手臂摆动。在走路的时候，把手臂摆动得很高的女性，心里面一定是充满快乐的，觉得自己精力充沛。很少摆动手臂的女性，心里面一定非常沮丧和苦闷，情绪也很不稳定。摆动手臂频率非常高的女性，心里面则充满了自信，干劲儿十足。

走路目不斜视。走路的时候头部不动，眼睛向前看，笔直地向前走。这样走路的人心里面不在乎周围的各种事情，主观意识非常强烈。

双手插在腰上。走路的时候，身体上半部分前倾，两手叉腰，像是在跑步的时候岔气了一样。用这种姿势走路的人，心里面肯定正在酝酿一个非常大的计划，虽然他们表面上看起来非常沉默，但实际上心里面想着自己一定要一鸣惊人。

高抬着自己的下巴走路。在走路的时候，下巴高高抬起，步子稳重迟缓，脚步较僵硬，手臂夸张地大幅度摆动。这种走路的姿势有一个名字，叫作“墨索里尼式”姿势。用这种姿势走路的人非常傲慢，看不起别人，总觉得自己高人一等。

背着手走路。在走路的时候昂首挺胸，双手背在身后，给人一种“这个人是领导”的感觉。用这样的姿势走路的人，心里面都充满了优越感，并且占有欲非常强。一般来说，也只有那些地位高的人才这样走路。如果不是地位高的人却以这样的姿势走路，只能说明他在心里面不希望自己丢脸，也不希望自己在气势上比别人弱。

迈着碎步走路的人。步伐很小，但是频率很快，这就是碎步。用这种姿势走路的人，心里面肯定隐藏着某些不可告人的事情，他们害怕被别人发现，因而总是会和周围的人以及环境格格不入。

走路的时候踱方步。一般都是那种涉世很深，并且非常稳重的人，才会用这种姿势走路。这样的人内心非常强大，不会被任何因素影响自己的判断。他们总是希望自己在别人眼中是完美的，所以会极力控制自己的言谈举止，尽可能让自己做的所有事情都是无懈可击的。

走起路来总是大踏步地向前进。当一个人用这样的姿势走路的时候，他的心里面一定有很强的目的性，并且感觉到自己正在向着心中的目标稳定前行。

走路的时候脚步声很大。人在走路的时候，发出声音是不可避免的，但无论是快走还是慢走，只要不是在穿皮鞋的情况下，走路发出的声音都不足以惊动别人。如果一个人在走路的时候发出很大的脚步声，说明他非常自信，同时心里面可能是有什么高兴的事情和想别人分享。或者是觉得自己被别人忽视了，所以想要引起别人的注意。

走路的时候脚步声很小。如果一个人故意用这样的方式走路，可能是因为他的心里面非常警惕，也可能是因为不愿意影响到别人，还有可能是为了和别人开玩笑或者是给别人一个惊喜。

走路的时候步调混乱，没有节奏感。这样走路的人，心里面肯定是受到了某些因素的困扰，导致自己心神不宁，心不在焉。很多时候他们都是空有雄心壮志，却没有一点儿把这些事情落到实处的耐心和勇气。

走路“蛇行”。所谓蛇行，是相学上的一种说法，意思是走路的时候像蛇在蠕动一样，即腰部无力，身体左摇右摆。如果一个人用这样的方式走路，那么他说的话一定不能相信，因为这类人为了自己的利益会不择手段。

虽然在走路，但给人的感觉像是脚不着地一样。这样走路的人，如果不是因为身体上的原因，就一定是发生了某些对他内心造成困扰的事情，他心里面总是在想着这些事情，完全没办法集中精力。

走路的时候拖脚而行。这种姿势给人的感觉就像有非常重的东西压在身上一样。如果有人用这样的姿势走路，那么他的心里面一定非常伤心和难过，很可能是碰到了令他悲痛的事情。

走路的时候挺起肚子，快步前行。这种姿势给人一种器宇轩昂的感觉。如果有人用这样的姿势走路，说明他的内心非常从容，无论别人交给他什么事情，他都相信自己有能力去完成。

神色仓皇地走路。在走路的时候，神色慌张，东张西望。用这种姿势走路的人，心里面一定非常焦急或者慌张，很可能是因为他碰到了一件棘手的事情。

走路的时候不断回头。用这样姿势走路的人，心里面一定隐藏着秘密，因此变得疑神疑鬼。他们内心中不希望自己的秘密被别人发现，因此总是怀疑这个、怀疑那个，觉得自己的秘密会被人曝光。

睡眠姿势依托于潜意识心理

一个人以什么样的姿势走路，或者是以什么样的姿势站立，是可以自己控制的，但是以什么样的姿势睡觉却是不能控制的。即使是在睡觉之前刻意保持了某种姿势，在睡着之后也会不自觉地改变。这是因为睡眠时的姿势是一种直接由潜意识表现出来的身体语言。对于人来说，睡眠是一件非常惬意的事情，因为当我们睡着的时候不需要想任何事情，没有压力，没有烦恼，没有疲劳，整个人都是非常放松的。正是因为这样，我们通过观察别人睡眠的姿势从而了解到的他人的心理是最真实的，也是最直观的。

采用婴儿般的睡姿睡觉。我们都知道，婴儿是需要别人保护的，采用婴儿般睡姿睡觉的人也是一样，也需要别人的保护，因为这种人的内心大多缺乏安全感、有很强的依赖心理。遇到一点儿困难，就担心这个担心那个，总是想着逃避。

采用俯卧的姿势睡觉。这种人一般都有强大的自信心。在这类人的心里面，清楚地知道自己的能力、自己想要的东西、自己追求的东西等，因此无论做什么事情都能坚持不懈，用坚定的信心去实现。另外，这类人的心里面无论有任何情感，都不会轻易表达出来，反而会极力掩饰，不希望被别人看出任何破绽。但是，有时候也会显得有点儿自私，以自我为中心，不考虑别人的感受。

采用侧卧式的姿势睡觉。在睡觉时呈现为这种姿态的人，大多数都是那种心里面藏着很多心事的人，这种人总是活在自怨自艾中，当机会真的出现在眼前的时候也抓不住。就像是在面对异性的时候，明明有很多机会可以表达自己的情感，但是这类人总是想这想那，最后白白错过无数次的机会，整个人都会变得越来越沮丧。

采用仰卧式的姿势睡觉。在睡觉时呈现为这种姿态的人，大多性格开朗大方，无论面对什么事情心里面都有强烈的热情。并且，这样的人有很强烈的责任感，无论是什么事情都能勇敢地去面对，勇敢地去承担。很多时候，这类人也会为缺少异性缘而感到烦恼，不知道自己究竟怎样做才能吸引异性的关注。

睡觉的时候喜欢躺在自己的胳膊上。实际上这就相当于给自己的头部找一个依靠，这样的人是极度缺乏信心和安全感的。任何一点儿小的错误或者其他毛病，都会让他们忧心忡忡。

睡觉的时候喜欢侧身躺在床的一边。这样的人通常内心都很矛盾，因为很多事情明明知道并不是自己想象的那个样子，但是还是会忍不住去想，有种一厢情愿的感觉。有时候他们甚至感觉根本不能控制自己的内心。

睡觉的时候喜欢弯曲膝盖。在睡觉时呈现为这种姿态的人，内心经常会处于一种非常紧张的状态，总是会因为一些小事而绷紧自己的神经，根本就不知道什么是放松。

喜欢抓着衣服或玩具等物体入睡。通常会采用这种方式睡觉的人，都会有很强的戒备心理，特别是在和别人交往的时候，总是会对对方产生怀疑，认为对方接触自己的目的并不单纯，使自己的精神永远都处在一个紧绷的状态。这种人对于精神上的追求非常强烈，有些理想化。

在睡觉的时候呈对角线躺在床上。在睡觉时呈现为这种姿态的人，都非常有主见，只要是他们心里面认定的东西，就不会在意别人的看法和感受，也不会向别人妥协。有时候这种人也会有自私的一面，在他们心里面很不愿意把自己的东西拿出来和别人一起分享。

睡觉时把双脚放在床的外面。这种睡姿一般都是身体非常疲劳的人才会有的 。在心态上，这样的人非常积极，做什么事情都会百分之百地去努力，并且精力充沛，似乎总是有做不完的事情一样，他们心里面也非常喜欢快节奏的生活。

睡觉的时候脸朝下，头摆在双臂之间，膝盖缩起来藏在胸部下面，背部朝外。呈现这种睡姿的人，都有很强的防备心理，他们总是感觉自己的周围存在着某些危险，因而每时每刻都做着出击的准备。这种人的内心非常强大，自我意识非常强烈，不愿意做的事情就一定不会去做，宁肯一拍两散，也不“委曲求全”。

坐着睡。即睡觉的时候把双手摆在身旁，两腿伸直坐在床上睡。这种睡姿非常少见，可能在一些特别胖、躺下就呼吸困难的人身上发生，至于其他人很少会有这样睡觉的。这类人时时刻刻都处在那种高度的紧张当中，内心没有一刻能够放松下来，由于每天做什么事情都是固定的，所以在身体、思想和心灵上都形成了一种自然的规律，就像是条件反射一样。

在睡觉的时候握紧拳头。这种姿势给人的感觉就像是时刻准备战斗一样。呈现这种睡姿的人，心里面有一种非常积极的情绪存在，但是他正在努力控制着这种情绪。也有可能是心里面对某些人或者某件事情感到很不爽，所以想要表达自己的观点。

在睡觉的时候双臂和双腿交叉。这同样是一种自我防卫意识比较强烈的姿势。通常用这种睡姿睡觉的人内心非常脆弱，不能够承受任何伤害，他们自己心里面也不想受到任何伤害，因此总是表现出一副冷漠的样子，把所有情绪都隐藏在心里面。

睡觉的时候四肢成“大”字形平躺。这种人通常都非常豪爽、稳重，他们十分自信，无论对待什么事情都能够以乐观积极的心态去面对，在心里面鄙视那些遮遮掩掩、矫揉造作的人。但是，这种人在碰到自己特别喜欢的东西时，就会十会霸道，觉得只要是自己看上的东西就一定要得到。

睡觉的时候跷着二郎腿。这也是一种比较少见的睡姿，这种人通常比较自恋，他们喜欢独处，觉得只要是自己的，就是最好的，因此从来都不会想着去追求更好的事物，只满足于目前的生活。一旦某些情况发生变化，他们就会显得手足无措。

睡觉的时候四肢非常规矩、板正。在睡觉时呈现为这种姿态的人，都有消极的心态，他们对很多别人认为非常好的事情都不看好，因此总是显得非常悲观。另外，这种人的内心非常脆弱，只要受到一点儿打击，他们就会丧失信心，甚至有可能一蹶不振。

裸睡。很多人都喜欢裸睡，这样的人通常是向往自由的，心里面真诚地希望不要有任何事情束缚自己，希望自己能够无拘无束地生活下去。另外，这种人在心中非常重视感情，很多时候都凭借感性思维去做事，所以经常会做错事，或者受到别人的指责，但是他们内心却无怨无悔。

第五章

不同的语言习惯代表不同的心理

不同的说话方式代表的心理（一）

谈话是最简单直接的交流方式，通过谈话我们能够认识别人、了解别人。不同人有不同的说话方式，这是多重因素影响的结果，其中最主要的因素就是心理状态。心理学家研究表明，一个人的说话方式是其内心深处感受的真实反映。因此，我们可以通过一个人的说话方式，去了解他的心理和情绪。

在和别人说话的时候经常说“我怎么样”或“我们怎么样”。心理学家研究发现，在和别人谈话的时候经常使用“我”的人，心里面有着强烈的自我表现欲望，害怕孤独，也害怕自己被别人忽略。而总是使用“我们”“咱们”或“大家”的人，内心中缺乏自主的想法，总是想着依附团体或者是附和别人。

说话的时候总是夸耀自己。这种人表面上看起来非常自信，甚至是自恋，但是实际上他们却是非常自卑的，总是害怕别人看不起自己。如果一个人突然用这样的方式说话，那他一定是希望别人能够关注自己。

说话的时候喜欢替自己辩解。这种人内心软弱，自我保护意识很强。他们总是担心别人误会自己，害怕承担责任，对待任何事情都是得过且过的态度，从来都不会从失败中总结经验教训。如果一个人突然用这样的方式说话，说明他的心里面非常委屈，对于别人的误会非常生气。

说话的时候喜欢引用“名人名言”。这种人属于权威主义者，他们心里面认为，不论什么事情，只要是权威人士或专家说的观点，那就是正确的，这可以算作是一种盲目崇拜。另外，这样的人也极度缺乏自信，他们心里希望能够借助他人的言论，来壮大自己的声势，用一句成语来形容这样的人，那就是“狐假虎威”。

说话时喜欢使用专业术语或生涩词汇。这样的说话方式同样会出现在那些对自己没有信心的人身上。这种人心中有着强烈的自卑感，害怕别人看不起自己，所以要装作自己懂得非常多。当然，用这种方式说话的人，也可能是故意卖弄自己的学识，希望得到别人的注意。

说话的时候总是冷不丁冒出几句外语。如果是一些简单的单词，比如说“yes”“no”什么的，或许没什么问题，如果是一些比较难理解的单词，就很可能会让人感觉不知所云。这种人通常都缺少自信，心里面对自己的学识很不满意，认为这是自己的弱点，所以总是尽力去掩盖。当然，这种方式也可能是那些有虚荣心，希望得到别人的夸赞的人，故意展现自己的一种方式。

说话时总是说一些新词汇和新观点。这样说话的人，通常是那种追求时髦的人。在这类人的心里面，新的东西就是好的东西。一般来说，这样的人都缺乏主见，容易人云亦云。如果一个人突然用这样的方式说话，说明他心中迫切希望能够把自己得到的新知识展示出来。

在说话的时候使用丰富的词汇。只有有着丰富知识的人才能够做到这一点。这种人内心接受新鲜事物的能力非常强，并且具有较强的洞察力，思维活跃，从来不会为任何事情钻牛角尖。如果一个人突然用这样的方式说话，那他可能是想要在对方面前显示一下自己的学识，也可能是碰到了自己非常喜欢的东西，怎么样形容都不觉得过分。

说话的时候喜欢引用长辈说过的话，比如“我妈说……”“我爷爷说……”等。一般只有那些心智不成熟的人才会这样说话。这种人很幼稚，心中没有自己的想法，总是别人说什么就是什么。如果一个人用这样的方式说话，说明他心中迫切想要找到一个观点来证明自己所说的话。

和别人说话的时候频繁使用客套话。我们都知道，在和别人说话的时候，说几句客套话是正常的，也是必需的，这是礼貌的问题。但是，如果频繁使用客套话，很容易就会让人产生怀疑。如果在面对上司和领导的时候这么做，就会显得很谄媚，肯定是在希望对方能够帮助自己、提携自己。如果是对自己要好的朋友或很熟悉的人这么说话，说明他在心里面根本就不相信对方，并且对对方有很强的戒备心理。如果一个人突然用这样的方式说话，可能是因为不想和对方故意接近，也可能是因为对方需要他的帮助，但是他从心里面不想帮助对方。

在说话的时候总是使用方言。这样的人心里面非常自信，想到什么就去做，从来都不会瞻前顾后。但是，这种人也有缺点，那就是不愿意接受新环境，他们心里面总是认为最熟悉的才是最安全的。

说话的时候善于使用礼貌用语。这种人正如他们表现出来的一样，心胸开阔，有修养，懂得尊重别人，不会在心里面看不起任何人。如果一个人突然用这样的方式说话，说明他想要和对方保持一定的距离，并不想过于亲密。

说话的时候故意说粗话。如果是神情严肃地说粗话，那可能是心里面希望自己能够在气势上压倒对方。如果是面带微笑地说粗话，那可能是想要和对方拉近距离。如果一个人突然用这样的方式说话，可能是因为他很生气，也可能是因为他想和对方开玩笑，故意吓唬对方。

说话的时候总是说教。这种人心里面有着很强的自信心，甚至有点儿自大，他们总认为自己是最强的，从来不会在心里面重视和尊敬别人，只是想着怎么才能表现自己，并且让别人重视自己。如果一个人突然用这样的方式说话，说明他非常痛心，对对方恨铁不成钢。

说话的时候总是夸夸其谈。这种人在说话的时候天马行空，所说的内容广而不深，并且经常会在细节上出现一些错误。他们从来都不会在心里面对各种事情进行深入地思考，总是安于现状，总是觉得自己了解一点点就等于了解全部了。如果一个人突然用这样的方式说话，说明他的心里面想的是在对方面前显示自己的学识。

说话的时候喜欢和别人辩论。不但要辩论，而且总是据理力争，得理不饶人，非要和别人分出胜负。这样的人在心里面对胜负看得非常重，喜欢争强好胜，觉得只有胜利了才能够显示出自己的本事。同时，这样的人在心里也有一种莫名其妙的自卑感，觉得如果自己失败了，就一定会让人看不起。如果一个人突然用这样的方式说话，那么他的心里面一定有自己的想法，并且认为自己的想法是正确的。

说话的时候像和别人吵架一样。和别人吵架最重要的一点就是声音要大，能够吸引别人的注意。这样说话的人在心里有沉重的自卑感，总是以一种消极的情绪来看待事物，总觉得别人都看不起自己。如果一个人突然用这样的方式说话，说明此时他的心里非常气愤，急需发泄出来。

说话的时候专门和别人唱反调。这样说话的人如果不是和别人有仇，故意这样做，那就是心理阴暗。他们总是强词夺理，即使明知道自己是错的，心里面也坚决不承认。他们总是觉得如果承认了错误，全世界都会看不起自己。如果一个人突然用这样的方式说话，说明他的心里不希望对方好过。

说话的时候总是奉承别人。这样说话的人可能确实是为了表达对对方的尊敬，也可能是为了隐藏自己的敌意和嫉妒的心理。另外，这样的人也有着很强的防御心理，不会轻易相信任何人。如果一个人突然用这样的方式说话，那他一定是想要得到对方的帮助，但是很可能在心里面已经骂了对方无数遍。

说话的时候频繁地向别人说好话。这种人有很强烈的自卑感，总是觉得自己处在不利的地位，因此希望能通过违心地赞美别人，来改变自己的处境。如果一个人突然用这样的方式说话，就说明他想要讨好对方。

不同的说话方式代表的心理（二）

一边说话一边做其他的事情，这是典型的行动派做法，并且这类人对速度的追求达到了极限。但是，他们却因为对速度的过分重视，而忽略了对质量的追求，很可能会造成严重的损失。如果一个人突然用这样的方式说话，说明他的心思根本就没在谈话的内容上，很可能是在想其他的东西。

说话简洁明了。说话的时候语句不多，但是每句话都非常精练，能够说到点子上。这样的人基本上不会在心里面纠结任何事情，任何东西都拿得起放得下，心态非常好。

说话的时候非常啰唆，抓不住重点。这样的人缺乏责任心，有很强的嫉妒心理，心胸狭窄，并且做事情也和说话一样——拖泥带水，不着边际。他们总是会在心里面想一些鸡毛蒜皮的小事，并且会产生很多的不满，使自己陷入那种无穷无尽的纠结当中。如果一个人突然用这样的方式说话，那么他的心里一定有很多话想要说，但是却不知道该怎样表达。

说话时总是会安慰别人。这种人同情心非常强烈，他们能够站在别人的立场上考虑问题，总是会顾及别人的心情和感受。如果一个人突然用这样的方式说话，要么就是非常同情对方，要么就是心里面在幸灾乐祸，故意装出来的。

说话的时候喜欢否定和批判别人。这类人大多是典型的悲观主义者，他们缺乏自信，看不到事物好的一方面，无论面对什么事情都会往最坏的方面去想。他们心里面对自己的生活环境非常不满，并且总是觉得自己怀才不遇，所以希望能够通过对别人的否定和抨击，来显示自己所谓的才能。如果一个人用这样的方式说话，那么他心里面一定十分讨厌对方，因而想要对其进行打击。

喜欢发牢骚。这样的人通常都会有悲观和压抑的心理，凡事只知道抱怨，缺乏活动能力和冒险精神，并且虚荣心强，喜欢占别人便宜。如果一个人突然出现这样的行为，要么是因为他心里面有很多话想说，却不知道到底该怎么正确表达出来；要么就是心里面对某些事情产生了不满，并且耿耿于怀。还有一种可能就是喝多了。

喜欢自言自语。这种行为通常发生在那种缺乏自信，精神长期处于紧张状态的人身上。这样的人胆小、怯懦，即便是受了委屈，也只能忍气吞声。他们总感觉自己非常孤单，没有人关心自己。如果一个人突然出现这样的行为，那么他很可能是在想什么事情想得出神，根本就没有发现自己在自言自语。

喜欢撅着嘴讲话。通常那些愤世嫉俗、自私自利、喜欢唠叨的人才会这样讲话。如果一个人突然出现这样的行为，可能是为了逗别人开心，也可能是心里面非常生气，不愿意和面前这个人说话，却不能不说。

经常打断别人说话。这种行为经常发生在那些自私自利、缺乏礼貌、不懂得尊重别人的人身上。如果一个人突然出现这样的行为，可能是因为他心里面非常不赞同对方说的话，觉得对方是错误的，不希望对方再说下去，以免误导别人。也可能是因为他非常看不起对方，根本就没有把对方当回事。

言词非常谨慎的人。通常那些疑心病很重的人，才会在说话的时候非常谨慎。这种人一般不会轻易相信别人，有什么事情都憋在自己心里，害怕别人知道后对他不利。如果一个人在说话的时候突然变得谨慎，那说明谈论的话题涉及了他的一些秘密。

说话遮遮掩掩。说话的时候欲言又止，吞吞吐吐，闪烁其词，这种人通常都缺乏自信，意志力薄弱，一遇到困难就怨天尤人，从来不在自己身上找原因。如果一个人在说话的时候突然变得遮遮掩掩，可能是他正在说别人的坏话，却发现那个人就在旁边。也可能是他心里面隐瞒着某些不可告人的事情，害怕自己说漏嘴。

喜欢窃窃私语的人。说起话来鬼鬼祟祟，神秘兮兮。这种人无论做什么事情都小心谨慎，并且善于掩饰，但是口风不紧，不能够保守秘密。如果一个人在说话的时候突然变得鬼鬼祟祟，那么他一定是想告诉别人一些秘密，但是却害怕其他人知道。

说话的时候非常冷静，从来不掺杂任何个人情感。通常只有非常理智、大公无私的人才能够做到这一点。如果一个人说话的时候突然变得非常冷静，那么他心里面一定承受着非常大的压力，只能公事公办。

说话时条理清楚，态度从容。如果一个人这样说话，那就说明他对自己很有信心。

说话阴阳怪气。这样说话的人，心里面一定有不满的情绪，甚至可能在暗中算计别人。

说话的时候喜欢推理。通常只有逻辑思维非常强的人才会这样做。如果一个人突然用这样的方式说话，说明他心里对某件事情非常感兴趣，但是这件事情可能并没有结束，或者他并不了解这件事情，所以通过这样的方式来满足好奇心。

说话的时候谈吐清晰，口齿伶俐。一般只有才思敏捷、能言善辩的人才能做到这一点。如果一个人突然用这样的方式说话，要么就是等了很长时间终于等到了机会，心里非常高兴；要么就是心里不赞成别人的观点，想要反驳对方；要么就是对自己要说的话非常有信心，自认为有理有据，不容辩驳。

说话迟钝。这种说话方式可能是由两种情况造成的：一种是自己心里面什么都知道，但是不想说；另一种是内心孤僻，同时学识平庸，即使想说也说不出来。如果一个人说话的时候突然变得迟钝起来，可能是他对当前的话题不感兴趣，根本就不想说话。也可能是谈到了一些他不熟悉的内容，他的心里面突然就紧张起来。

义正词严地说话。这种说话方式通常发生在那些立场坚定，原则性强，有一套明确的是非善恶标准的人身上。如果一个人说话的时候突然变得义正词严，那他一定是做了什么不该做的事情被发现了，心里面非常紧张。当然，也可能是为了恶作剧吓唬别人。

在说话的时候见风使舵，见缝插针，从来不占据主导地位。通常只有那种城府很深的人才能够做到这一点。如果有人突然用这样的方式说话，那他心里面一定有很明确的目的，可能是为了拍别人马屁，希望自己的地位得到提升，也可能是因为自己心里面对于某些事情并不想说出来，但是却又不得不补充说明。

在谈话的时候频繁纠正别人的错误。这种人通常都是自私自利的，只在乎自己的感受，从来不为别人着想。如果一个人突然在说话的时候不停地挑别人的毛病，要么就是他很讨厌对方，所以打击对方，这个时候他的语气会非常严厉；要么就是他很欣赏对方，不希望对方继续走在错误的道路上，这种情况下他的语气则会非常平和。

在谈话之后才纠正别人的错误。这么做的人，心里面一定很欣赏对方，也很想要照顾对方，不希望对方受到挫折和伤害，但是也不希望对方继续错下去，并且一直考虑对方的心理感受。

清嗓子。在说话之前清嗓子的人，一方面是希望能够引起别人的注意，另一方面是为了掩饰自己内心的不安。在说话时不断清嗓子的人，一方面是为了改变声调，使听众的注意力继续集中，另一方面是为了掩饰自己内心的焦虑。如果一个人只是偶尔清嗓子，说明他对别人的观点和意见并不是很赞同，需要继续考虑。如果一个人故意很大声地清嗓子，说明他的心里已经产生了不满情绪，非常愤怒。

吹口哨。在说话的时候吹口哨的人，要么就是心里面觉得自己非常潇洒，想要在别人面前把自己认为的那种潇洒表现出来，要么就是为了掩饰心里面的不安情绪。

主持会议的方式说明什么

对于已经参加工作的人来说，开会是一件很平常的事情。无论是什么会议，都有一个会议主持。不同的人在主持会议时有不同的风格，也会用不同的方式：有的人主持会议时简洁明了，却能准确传达意思；有的人主持会议时长篇累牍，搞得所有参加会议的人昏昏欲睡；有的人主持会议时批评这个批评那个，但是根本没有人在意；有的人主持会议时像老师给学生讲课，但是可能没几个人听得进去。这些差异不仅和主持会议的人的性格、修养、知识文化水平有关系，还和他们的心理情绪相关。

主持会议时简洁明快、豁达干练。这种人在主持会议时，会将会议内容安排得井井有条，讲话的时候条理清晰，言简意赅，能够让参加会议的人清楚地理解他的意思。如果一个人用这样的方式主持会议，说明他对参加会议的人非常了解，对于那些人的心理也非常了解，知道如何才能让会议发挥出最大作用。

主持会议时说一不二，不容置疑。只有那些具有一定权力、地位和身份的上位者才会这样主持会议，这样的人通常非常自信，认为自己一定会拥有很多美好的东西。如果一个人在主持会议时是这样的表现，说明他的心里面想着的是自己的利益，他明确知道自己想要什么，希望别人能够按照自己的要求去做，不希望听到别人的意见，也不希望有人不配合自己。

主持会议时把会场当作课堂，把自己当作老师。一般只有那些“专家”“权威人士”才会这样做。除了这类的人，如果一个人这样主持会议，说明他非常自信，甚至可能有些自大，看不起参与会议的其他人，总觉得那些人不如自己。

主持会议时狂热地表现自己，总是花费很多的时间说“我当年怎样怎样”，把自己的观点和看法强加给别人，不考虑别人的感受，甚至在别人发言的时候也会毫不客气地打断。这样做的人，通常是那些领导身边的红人或者是以自我为中心的人。如果领导在的时候这样主持会议，说明他想在领导面前充分表现自己。如果领导不在的时候仍然这样主持会议，说明这个人心里有一种优越感，想要表现出来让别人羡慕他。

主持会议时欺下媚上。在主持会议的时候，大部分时间都是自己在那里说，并且说出来的内容大部分都是胡编乱造的，还不允许别人质疑，动不动就打断别人的发言。这样的人通常是一些奸诈小人。当一个人这样主持会议的时候，说明他的心里面有一种危机感，害怕自己出现错误，也害怕自己的地位不保，所以采用这种方式保护自己的地位。

主持会议的时候只做“传声筒”。在主持会议的时候，会把领导布置的内容一字不漏地传达下去，同样也会把下面的人的意见原封不动地传达给领导，对于任何事情都不发表自己的意见，即便是碰到一些棘手的问题也会尽力拖延，找别人去解决。如果一个人这样主持会议，说明他保护自我的心理非常强烈，害怕自己犯错误，害怕自己得罪人。

主持会议时彬彬有礼。在主持会议的时候，谦逊含蓄，自己一言不发，总是让别人畅所欲言。如果一个人这样主持会议，说明他非常谨慎，心里面害怕自己因为说错话而造成非常严重的后果。当然，也很可能是心不在焉，心思根本就不在会议上。

主持会议时优柔寡断。在主持会议的时候，总是让别人提出意见，但是自己却犹豫不决，不能拍板决定到底要采不采纳。这说明他的心里面非常不自信，并且没有冒险的勇气，总是怕这怕那。

主持会议时要威风。在主持会议的时候喜欢摆架子、要威风，并且总是让很多不相关的人参加会议，在会场为他呐喊助威，滥竽充数，还美其名曰“群众意愿”。这说明他有很强大的野心，一心想要往上爬，想要提高自己的声势，在气势上压倒别人。

主持会议时，在最后对自己前面说的话进行总结。这种做法说明他的心里有很深的忧虑，担心自己之前说的话不完整或是不正确，影响了自己在别人心中的形象。

主持会议时，结尾的发言简单、草率。如果一个人在主持会议时这样做，说明他对自己缺乏信心，并且态度消极，害怕自己说得不好、不对，会得罪别人，会被别人看笑话。也有可能是因为这个人的心情非常焦躁，他希望会议能够早点结束，不想再继续开下去了。

一句口头禅，了解你不难

口头禅是生活中人们的一种说话习惯。它能够鲜明地表现出一个人的性格特点，可以说是人的心灵密码。在日常生活当中，绝大多数人都有口头禅，并且口头禅各不相同。心理学研究表明，不同的口头禅代表了人的不同心理。

其实。在说话的时候，经常使用“其实”的人大多都自恋、任性和倔强。在他们的心里面，自己就是各种问题的终结者，是人生的赢家。这种人总觉得自己怀才不遇，因此一有机会就会疯狂地展示自己，期待能引起别人的注意。

果然。经常使用“果然”的人，大多是那种自以为是、以自我为中心的人。他们心里面真正关心的只有自己，对于别人的事情、别人的感受、别人的看法根本就不在意。

我早就知道。经常这么说的人大多都脾气急躁，并且有很强烈的自我表现欲望。当他们这样说话的时候，实际上就是想在别人面前显示一下自己，可能是为了显示自己的学识，也可能是为了让别人注意到自己。

最后。经常使用“最后”的人，多数都是那种欲望得不到满足的人。这种说话方式实际上就是在前面进行很多铺垫，制造很多悬念，然后用“最后怎么样”来揭晓答案，这种人心里面想的是让别人佩服和认同自己，最好以后能够高看自己。

想当年。用这句话当口头禅的人，基本上都是对现在的生活环境不满意或不适应。他们一方面是想要怀念过去“激情燃烧的岁月”，另一方面是想在小辈面前吹嘘自己的成就，寻求一种精神上的满足和安慰。

另外、还有。喜欢这么说的人大多头脑灵活，思想前卫、开放。他们总是担心自己的话说得不全面，或者是不能让人理解，所以总是故意多说几点或者解释一下，想让别人听清楚，并听明白自己说的话，同时减少自己说话内容中的漏洞。

反正。喜欢说“反正”的人大多都非常消极。在他们的心目中，这个世界并不美好，碰到一点儿困难他们就放弃前进，心里面总是想“反正我也不行”“反正我也做不到”。

是啊。只要一轮到自己发表意见的时候，就说“是啊，是啊，他们说得对”的人，通常都是那种心不在焉的人。他们的心思可能并没有在当前讨论的话题上，也可能根本就不理解别人到底在说什么，他们只是摆出一个姿态，不想让别人找到借口攻击自己。

总之。经常使用“总之”的人，大多是那种对自己非常自信，却对别人没有一点儿信心的人。他们在说话的时候，总是担心自己说得太深奥、太复杂，别人不能理解，或者是误会自己的意思。

所以、因此。这种人大多有很强的占有欲，喜欢支配别人。他们总是认为自己的观点才是正确的，所以在说话的时候总是想着要把自己的观点强加给别人。

但是、不过。经常使用“但是”“不过”的人，大多有很强的逻辑思考能力和语言表达能力。在他们的心里面对各种各样的事情都感兴趣，并且也有兴趣和别人一起讨论。当他们这样说话的时候，实际上并不是在否定别人，只是想和别人一起讨论而已。

这个、那个、嗯、啊、哦、呀。经常用这种语气词的人，要么是碰到了某个问题，但是自己一下子没反应过来，心里还没有想好怎么回答，所以想用这些代表停顿的语气词来拖延时间。要么就是为人谨慎，有很深的城府，心里面总担心自己说错话，他们总会设想自己说出的每一句话可能带来的后果，所以使用这类语气词给自己一些思考的时间，尽量避免说错话并造成严重的后果。

确实如此。用这种口头禅的人大多数非常浅薄，通常是当别人说了一句话，他们觉得对的时候，就会冒出这句话。在说出这句话的时候，他们心里一定在想，“我早就想到是这样的了”“果然是这样的”“看来大家和我的想法是一样的”等，但是这句话恰好暴露了他们的无知和自以为是。

老实说、说真的、的确、不骗你。经常用这类词的人，大多不自信。使用这些词实际上是为了对自己之前说过的话进行强调，之所以要强调是因为每次他们说话的时候，总是觉得自己说出的话别人根本就不信，但是自己又不知道该怎样去解释。

你应该、你必须、你要、你不能。经常用这类词的人，大多有强烈的领导欲望，并且固执、专制，这样的人总是在想应该怎么样去控制别人，别人必须都听从自己。

我个人的想法、是不是、能不能。经常这么说的人通常都非常冷静。在他们的心里面，大家都是平等的，因此无论什么事情都需要大家一起商量。他们既不希望把自己的想法强加到别人的身上，也不希望别人把想法强加到他们的身上。他们能够做到充分尊重别人。

我要、我想、我不知道。经常这么说的人，大多比较冲动，容易意气用事。这种人心里的真实想法让人捉摸不透，但是只要他们说出来了，就一定会去做。也就是说，这样说话的时候看似是在向别人征求意见，实际上就是在向别人宣布自己的决定。

绝对、百分之百、肯定、可能。经常使用这类词的人，大多非常武断，很多时候想事情都不经过大脑。在他们的心里面，只要是自己认定的事情，那就是正确的，只要不是自己认定的事情，那就是错误的。

我知道、我明白、我理解。经常用这类词的人通常都非常聪明，他们理解能力强，逻辑思维能力也强。但是，这样的人有时候会过于自信，导致他们很难听得进去别人的意见。他们这么说话的时候，表面上看起来似乎是同意了别人的观点，实际上心里面仍旧坚持自己的想法。

可能、大概、也许、差不多。经常用这类词的人，大多比较冷静，并且有很强的自我防范意识。当他们这样说话的时候，表面上看起来可能是真的对某些事情不了解，实际上心里面很可能对这些事情非常了解，但是却故意敷衍、欺骗对方。

好啊、是啊、对啊、有道理。经常用这类词的人，通常都比较圆滑，有些人还会很阴险。这种人对自己的利益看得非常重，并且睚眦必报。他们之所以这样说话，目的就是想要让别人放松警惕，放松对自己的防范，随后想办法抓到别人的弱点，用来对付别人。

据说、听说、一般来说。经常这么说的人，通常比较圆滑，无论做什么事情都会给自己留下一条后路。他们之所以这样说话，就是不想让别人抓住把柄。

尽管如此。用这句话做口头禅的人，大多擅长谋而后动。比如他们想要反对一个人的时候，不会直接说出自己的意见，而是先适当肯定对方的观点，扰乱对方的思维，随后再说出自己的观点。也就是说，当他们这样说话的时候，表面上看起来是在附和别人，实际上却是想否定别人。

我只告诉你。经常说这句话的人，大多不成熟。他们这样说话，一方面可能是因为自己掌握了一些其他人不知道的秘密，想要向别人炫耀，另一方面可能是因为自己有求于别人，想要讨好别人。

好吗、可以吗。经常在说话的最后加上“好吗”“可以吗”的人，大多都不自信。他们很明确地说明自己的心中不知所措，一般没有任何其他想法。

当初要是那么做就好了。总说这句话的人一定是性格消极，并且反应迟钝的人。他们总是在缅怀过去，心里面也总是纠结于过去，从来不考虑眼前的事情该怎么办。

他为什么这样和别人打招呼

和别人打招呼，是我们每天都会做的事情。见到朋友要打招呼；在单位见到老板和同事要打招呼；在大街上碰到熟人要打招呼；有的时候连见到陌生人也要打招呼。不同的人在和别人打招呼的时候，会用不同的方式和习惯用语，这和人的性格以及打招呼时的心理有很大的关系。

嗨。性格比较腼腆的人和别人打招呼的时候，通常会说“嗨”。如果一个人用这样的方式和别人打招呼，可能是因为他心里面不知道自己到底应该说些什么，并且害怕自己说错话，比如害怕自己说“你好”会让人觉得陌生，害怕自己说“喂”会让人觉得自己不尊重别人等。

你好。这是在和别人打招呼时最常用的一种方式。这种人大多非常冷静，能控制住自己的情感。如果一个人用这样的方式和别人打招呼，可能是因为他非常敬畏对方，也可能是根本就不在意对方，还有可能是和对方不熟悉或者是初次见面，觉得用这种方式打招呼最合适。

喂。在和别人打招呼的时候，用“喂”字开头的人，通常比较乐观，富有幽默感。如果一个人用这样的方式和别人打招呼，要么是他在心里看不起对方，要么就是他在心里非常欣赏对方、喜欢对方。

见到你很高兴。用这种方式打招呼的人，大多都开朗、热情、乐观。当一个人用这样的方式和别人打招呼的时候，说明他的心里面真的想认识对方，并且想和对方成为朋友。

过来呀。通常那些喜欢和别人交流，喜欢冒险和创新的人会这样和别人打招呼。如果一个人用这样的方式和别人打招呼，很可能是他没有把对方当作外人。

你最近怎么样。如果一个人在面对很多人的时候，很大声地问其中一个人“你最近怎么样”，说明他很有自信，很想出风头，并且引起别人的注意，然后在别人面前展示自己或吹嘘自己。如果一个人在面对另一个人，特别是异性的时候说这句话，可能是因为他心里一直都没有忘记对方，也可能是因为他心里觉得有愧于对方。

有什么新鲜事。这是那些好奇心非常强的人习惯使用的打招呼方式。这类人喜欢在背后议论别人，喜欢打听别人的秘密，对八卦新闻热衷。当一个人用这样的方式和别人打招呼的时候，说明他心里面的“八卦之火”熊熊燃烧起来了，很希望知道关于某件事情的所有消息。

朝对方点下头，或者朝对方微笑一下。如果一个人用这样的方式和别人打招呼，要么是因为他心里觉得自己和对方不熟悉，不知道该说点什么，要么就是他心里面在想别的事情，害怕说话会影响自己的思考。

用手拍打对方的肩膀。如果一个人从侧面拍打别人的肩膀，说明他心里面非常欣赏对方；如果一个人是从正面拍打别人的肩膀，说明他在心里面瞧不起对方；如果一个人从后面拍打别人的肩膀，那很可能是他想和对方开个玩笑。

有些人不喜欢或者说不愿意和别人打招呼，更有甚者会逃避这件事情，那么他们在面对别人的时候会怎么做呢？这样做又是出于什么样的心理呢？

绕道行走。在距离很远的地方看到熟人之后，不但不迎上去打招呼，而且还绕道走开。如果一个人做出这样的事情，要么就是因为他做了对不起对方的事情，心里觉得愧疚，要么就是非常讨厌对方，实在是不想看到对方。

有意识地后退几步。看到熟人之后既不说话，也没有表情，反而是有意识地退后几步。当一个人做这个动作的时候，他实际上并不是不想和对方打招呼，只是心里面认为自己应该尊重别人。但是他却想不到，这样的动作给人的感觉是想要拉开距离。

直视对方。见到别人后不说话，就是用眼睛直直地看着对方。这种人也并不是不想打招呼，只不过是疑心重，想要保护自己。如果一个人在见到别人时是这样的表现，说明他心里面很想探听对方的虚实，也很想在气势上压倒对方。

目光旁移。当一个人见到别人后，不说话也不打招呼，而是把自己的目光转向别处，可能是因为他的心里有浓重的自卑感，缺乏自信，害怕和对方打招呼之后，人家不搭理自己。也有可能是想要和对方开玩笑，制造轻松诙谐的气氛。

即使和别人面对面也不打招呼。如果一个人即使和熟人面对面也不打招呼，可能是因为他心里正在思考某些事情，并且集中了全部的注意力，根本就没看到面前的人。也有可能是自以为是，觉得自己不需要主动和任何人打招呼。

在打招呼时，一个人对别人的称呼也能体现出这个人的心理状态。

称呼对方某某先生或某某女士。当一个人这样称呼别人的时候，说明他心里觉得自己和对方还不是很熟悉，在心理上有一定的距离。

称呼对方的外号。当一个人总是称呼别人外号的时候，说明在他们心里面把对方当成很好的朋友，觉得自己和对方的关系非常亲密。

直呼其名。见到一个人后总是直接叫对方的名字，这也是一种表现亲密的方式。这么做要么是觉得自己和对方非常亲密，要么就是他的心里非常愤怒，很可能是对方做了让他气愤的事情，所以才直呼其名。

您。这个称呼一般都是人在面对自己的长辈、领导或者是初次见面的人时才会使用的。如果一个人不是在这些情况下使用这个称呼，说明他在心理上和对方还有一定的距离，不想和对方过于亲密。

称呼别人的职位。如果一个人见到别人时称呼别人的职位，要么就是两个人关系非常好，有一种开玩笑的心理，要么就是有事情求对方，因此觉得自己应该尊重对方，满足对方的虚荣心。

面对不同的人使用不同的称呼。这种人一般都非常圆滑，八面玲珑。心里面对自己和别人的关系非常清楚，也清晰地知道自己应该和谁更亲密一些，又应该和谁保持一定的距离，还知道怎么样做才能让别人高兴。

附和你的人，他在想什么

附和，是指对别人的言行因赞同而表示应和、追随，也指随和别人的言行。附和的主要作用就是表达自己对谈话内容的兴趣，表达自己的意见，并且让说话的人有说下去的动力。附和别人说话其实很简单，可能是表示赞同的一句话，也可能是一个笑容，也可能是一个点头的动作，甚至只说一个字也可以。这就像相声中捧哏的人一样，他的话不一定多，但是一定要和逗哏的人配合好，既让逗哏的人能继续逗下去，同时又不能抢戏。

要注意一点，附和虽然是在别人说话的中途插话，但不是刻意打断对方，而是要起到承上启下的作用。附和能让谈话顺利地进行下去，是谈话的重要组成部分。

在谈话的时候对说话的人进行附和是正常现象，但是，附和也是有度的。在一定的范围之内，附和是正常的，如果超过了这个范围，那可能附和的人心里面产生了其他想法。

频繁地附和。在听别人说话的时候，总是“嗯、啊、是、对、我也是这么想的”这样频繁地附和，这种人大多都有非常强烈的表现欲望。他们之所以这样频繁地表现自己，就是为了显示自己的存在，害怕别人忽略自己。当然，频繁地附和并不等于认真地在听对方说话。在生活中可能很多人都经历过这样的事情，当你滔滔不绝地对某人说话的时候，他可能在不停地附和你，像是在认真听你说话一样，但是当你问他你刚才都说了什么，他可能什么都说不出来。这就说明，当一个人对别人说的话频繁附和的时候，他的心里面可能正在想其他的事情，根本就没有认真听，即使听了也并没有放在心上，至于附和，只不过是一种条件反射的行为。

适当地附和。听别人说话的时候，在合适的时机进行适当地附和，这应该是最正常的。通常只有那些善于倾听、善于表达、善于与别人沟通的人才能做到这一点。在这类人的心里面，谈话就是双方交流和了解的过程，一个智力正常的人完全能够通过谈话时的表现来了解对方，因此根本就不需要刻意去表现自己，只要在适当的时候，表现出自己的水平就可以了。

很少附和。谈话时很少附和别人的人，通常都没有表现的欲望，也不希望自己引起别人的注意。这种人通常认为，在听别人说话的时候却引起其他人的注意，这是对说话者的不尊重，是一种可耻的行为。另外，当一个人在心里面想着别的事情，完全没有听对方说话的时候，也会出现这种情况。再有，在心里面想要帮助说话者，故意让说话者出风头的时候，也可能会出现这种情况。

夸张地附和。在附和别人的时候，做一些非常夸张的动作和表情，好像是害怕别人看不到一样。这样的人有着非常强烈的表现欲，他们希望别人能够把注意力转移到自己的身上。当然，这种行为并不是说他们看不起正在说话的人，想让人家下不来台，他们只是单纯地为了表现自己。另外，夸张地附和和频繁地附和虽然都可能是为了给自己找存在感，但是却并不相同。最明显的一点不同就是夸张地附和的人是实实在在地在听别人说话，而频繁附和的人则不见得做到了这点。

幽默的方式可以反映心理状态

幽默在生活中必不可少，它能够调剂心情，也能够打破僵局。因此，那些有幽默感的人大多都很受欢迎，也是人们关注的对象。幽默可以通过很多方式来实现，比如语言、肢体动作、面部表情等。心理学家认为，幽默虽然是聪明和智慧的体现，但是有的时候也会藏着很多小心思。很多时候，人们制造幽默就是为了满足自己的某些想法。

自嘲。自嘲就是嘲笑自己，这并不是一件简单的事情。一般来说，人们在被嘲笑的时候都会感觉到尴尬，自嘲更像是自己主动陷入尴尬中一样，不仅需要有很大的勇气，同时也要有宽阔的心胸。如果一个人突然用幽默的方式自嘲了一下，那么他在此时肯定有某种特殊的心理。可能是觉得自己某些事情做错了，想要反省并进行自我批评；也可能是知道自己做错了，但不知道错在哪里；还可能是对别人非常敬佩，觉得自己不如人家。

用幽默来嘲笑和讽刺别人。通常只有非常自私的人才会这么做。这类人的外表和内心有很大的差距：他们外表看起来机敏、幽默、懂得关心别人，但实际上他们的内心却非常自私、小气，信奉“宁我负人，毋人负我”的道理，并且有很强的嫉妒心理。如果一个人用幽默的方式来嘲笑和讽刺别人，要么是因为对方取得了一定的成就，他很嫉妒，但是直接对人家进行冷嘲热讽会造成严重的后果，要么就是对方的处境非常不好，他很想嘲笑对方，但是却害怕明目张胆地落井下石会让其他人讨厌自己。

用幽默的方式挖苦别人。一般只有那些小肚鸡肠、内心狭隘的人才会这样做。这种人有很强的自卑心理，不自信，同时认为自己做不到的事情别人也做不到，一旦有人做到了，就会非常生气，并且想方设法地陷害和算计那个人。如果一个人用幽默的方式去挖苦别人，一定是因为对方平时的各种表现都比他强，但是突然间有一件事情自己做得超过了对方，因此心里非常开心，想要通过挖苦别人的方式来满足自己。

用幽默的方式打破僵局。能够做到这一点的人，大多思维敏捷，反应迅速，具有很强的适应能力和随机应变的能力，表现欲望强烈，希望得到别人的肯定和信任。

喜欢搞恶作剧。这样的人内心都非常豁达、活泼，并且没有任何的压力。这类人的性格就像是小孩子一样，非常顽皮，喜欢和别人开玩笑，以达到娱乐自己和他人的目的。如果一个人突然搞起了恶作剧，说明他很可能遇到了开心的事，并且希望所有人都能和自己一样开心快乐。

用幽默的方式来故意表现自己的幽默感。这种人通常会提前把自己认为的幽默感准备好，然后在不同的场合不厌其烦地重复。他们的生活态度非常严肃，但是却非常在乎别人对自己的看法和态度，追求形式化的东西。他的心里害怕别人认为他没有幽默感，害怕别人看不起他，并且疏远他。

说话时的声音变化，说明内心有变化

一般来说，每个人的语调、语速、声音等都有自己的特点，并且这些特点是基本保持不变的。不过在一些特殊情况下，特别是人们的心理和情绪发生变化的时候，一个人的语速、语调、声音是会发生明显变化的，比如语速突然变快、语调突然变高、声音可能会突然变大等。那么，当一个人的语速、语调、声音发生变化时，在心理上又发生了怎样的变化呢？

说话声音突然变小。如果一个人说话的时候声音突然变小，原因可能是以下两种情况之一：第一，心里没有自信。心理学家认为，当一个人缺乏信心的时候，他说话的声音就会突然变小。比如说当别人让我们解决某个问题，而我们对此并没有把握时，声音自然会变小。第二，心里不安，比如紧张、内疚、害怕等。当你正和别人说话，周围突然变得一点儿声音都没有时，这个时候你自然也会把声音放低，因为你不知道发生了什么情况，害怕自己大声说话会引起别人的注意，并且造成不好的影响。

说话声音突然变大。出现这种情况有三种原因：第一，交谈双方意见不一致时，一方想让另一方接受自己的意见。在很多人眼里，声音就像是一种武器，如果自己说话的声音突然变大，或者是声音比对方大得多，那就好像是武器升级了一样，虽然不见得能够彻底压倒对方，但是最起码在气势上占据了优势，让对方更容易屈从。第二，内心情绪发生了强烈的变化。心理学家研究表明，当一个人的内心情绪发生剧烈变化的时候，他的声音会情不自禁地提高。比如在电视里经常出现的情节，某个人突然得到亲人去世的消息，便会不由自主地质问或悲号。第三，想要控制对方。这种情况一般都发生在上级对下级说话的时候，或者是长辈对晚辈说话的时候，这个时候声音提高，就表示自己已经不是在和对方商量问题了，而是命令对方服从自己的决定。

语速突然变慢。如果一个人在说话的时候语速突然放缓，一般有两种原因。第一，心情非常沉重。心理学家研究表明，当一个人心情沉重的时候，说话的语速自然就会降下来。导致心情沉重的原因有很多，比如说心里难过、悲伤、失望等。第二，为了表达一个很重要的观点。很多人都有这样的经历，在听老师讲课的时候，有的地方老师会说得很快，甚至直接跳过去，有的地方却说得很慢，甚至是反复强调好几遍，这主要是老师根据所讲内容的重要性来决定的。

语速突然加快。出现这种情况一般有两种原因。第一，情绪非常激动，比如内心恐惧、焦虑、愤怒、急躁等。心理学研究表明，当一个人的情绪非常激动时，说话的语速会明显加快。比如一个人被某种东西吓到了，导致他的心里非常恐惧，如果你让他给你讲述过程的话，他说话的速度就会很快。第二，为了掩饰心里的不安。心里面缺乏安全感，但是又不能表现出来，这样的人说话的时候语速会非常快。比如别人揭穿了你的谎言之后，你一定会想办法解释，这个时候你的内心就会感到紧张，并且害怕对方把你撒的谎全部揭露出来。

不断提高声调。在说话的时候不断提高声调的人，大多数都有非常强烈的自我意识，他们不喜欢听不同的意见。如果一个人在说话的时候不断提高声调，说明他对自己的想法态度十分坚定，不想再听别人的意见。

第六章

生活习惯中的心理学

进餐习惯与心理的关系

俗话说“人是铁饭是钢”，在这个世界上，我们想要生存就离不开吃饭。每个人都要吃饭，不过人们吃饭时候的姿势和习惯却各不相同。心理学家长期研究之后得出结论：不同的吃饭姿势或习惯能够反映出不同的心理状态。

站着吃饭。吃饭对于这类人来说，只是维持生命运行的手段。对于吃饭他们不讲究排场，也不讲究享受，在能够填饱肚子的情况下，越简单、方便、省时省力的食物越好。这类人的个性大多非常温和，他们的心里面没有太大的追求和理想，只要能够平平淡淡地活下去就好，很容易得到满足。

一边走路一边吃饭。当我们看到这样的人时，多半会认为他们很忙碌，但这并不一定是事实。很多人之所以一边走路一边吃饭，是因为他们缺乏合理分配时间的观念，不知道如何规划和分配工作时间和吃饭时间。这种人的内心大多非常纠结，在做完一件事情之后，总觉得自己没做好，又反复思考，这会导致他们觉得自己非常忙碌，连吃饭的时间都没有了。另外，这样的人性格大多非常冲动，容易意气用事，只要是碰到让自己感到不舒服的事情，就会插手去管，最后将事情搞到不可收拾的地步。

一边做饭一边吃饭。这样的人可能真的是非常繁忙，总是有很多事情要做，但是在他们的心里，却从来没有感到烦恼，反而感觉自己活得非常充实，非常愉快。他们愿意为别人服务的人，在他们的心里，为自己的家人做这些事情根本就不算什么，只要能看到家人高兴，自己就高兴。

一边看电视一边吃饭。这样的人大多是单身，或者是亲人、朋友、爱人都不在身边的人，他们的内心非常孤独，特别是在吃饭的时候。孤独的感觉让他们难以下咽，而看电视就成了排解内心孤独的最好办法。

一边看书一边吃饭。这样的人大多对饭菜并没有什么过多的要求，只要能吃饱就可以了。在他们的心里有着很多的梦想，也有很多实现梦想的计划，所以吃饭这种事情在他们的心里面就变得无足轻重。

一边做事一边吃饭。吃饭对于这样的人来说，同样是为了能够活下去，所以对于那些享受、排场等没有任何追求。他们有很大的野心，心里面装的也都是自己的事业，所以对吃饭这个事情根本就不在意。

总觉得别人的饭比自己的好吃。这类人的心里有着强烈的自卑感，非常不自信，对于别人的言行以及别人对自己的看法非常在意，总是觉得身边人瞧不起自己。

吃饭的时候不管别人，只顾着自己吃。这类人大多非常自私，并且自以为是。他们的心里面总是以自我为中心，无论做什么事情都以自己为主，从来不考虑别人的感受，也不考虑自己的做法会不会给别人带来困扰。当然，即使给别人造成困扰，他们也丝毫不会放在心上。

吃饭的时候对着一道菜不停地吃，吃完这道菜之后再吃另一道菜。这样的人通常都比较固执，只要在心里认准了一件事情，他们就会集中精力去做这件事，并且这件事不做完就绝对不会去做别的事情。他们做事情的时候总是心无旁骛，即使别人都不看好，他们也不去理会，因为这类人根本就不在意别人的想法。

一边吃饭，一边滔滔不绝地说话。只要是在饭桌上，就必须要滔滔不绝地说话，不管有没有人听，也不在意别人是不是厌烦。这样的人大多都不受别人的欢迎，但是他们不在意别人的想法，只要是自己想做的那就去做，别人怎么看都是别人的事情，只要自己高兴就可以了。

吃饭的时候发出一些让人讨厌的声音，比如吧唧嘴、打嗝等。这样的人大多非常粗俗，并且自以为是。在他们的心里，别人都不如自己，因此别人是什么想法、什么态度根本就不重要，只要自己高兴就好。这类人喜欢独来独往，有时候甚至把别人的痛苦当成自己的乐趣。

吃饭时不发出一点儿声音，只顾着低头吃饭，从来不和别人搭话，这类人通常比较孤僻。他们有很强的防御心理，害怕别人发现自己的缺点，害怕别人攻击自己，也害怕和别人交往。

吃饭时面孔朝上。这类人总是把自己放在第一位，他们从来不考虑别人的感受，甚至根本就看不起别人。

吃饭的时候露出整排的牙齿。这类人大多心胸狭窄，不够大气。他们总是纠结于一些鸡毛蒜皮的小事情，明明是自己的原因，却总是抱怨社会给自己的压力过大，觉得别人对不起自己。

吃饭的时候狼吞虎咽，速度非常快。这种人做事情同样讲究效率，非常果断，在他们心里面，效率永远都是第一位的。这种人看重结果，只有用最快的速度达成自己想要的结果，才能够使他们的内心得到满足。如果是在吃饭之前坐立不安，吃饭的时候狼吞虎咽，这类人通常都是实干型，在他们看来，要做事就必须要好好去做。

吃饭的时候细嚼慢咽，速度非常慢。这种人大多心思细腻，无论是对别人还是对自己，要求都非常严格。在他们心里，规矩是非常重要的，正所谓“无规矩不成方圆”，做什么事情都要按照规矩来。另外，这样的人也非常在意享受，他们认为人活着就应该享受快乐，不要总纠结于各种烦恼和困难之中不能自拔。

吃饭的时候，碰到喜欢的食物就停不下来。这种人大多非常直率，他们从来都不掩饰自己，也从来不会为了交朋友或者是别的原因而为别人掩饰。在他们的心里，好就是好，不好就是不好，根本就没有灰色地带。另外，这种人也可能有非常强的贪念和占有欲，只要是碰到自己喜欢的东西就想占为己有，从来都不去考虑别人的想法和意见。

烹饪习惯，很能反映性格

中华民族悠久的历史，造就了博大精深的文化，很多文化从古流传至今，内涵越来越丰富。其中最悠久，也是与我们息息相关的，就是烹饪文化。每个人都必须吃饭，因此烹饪文化也就深入到每家每户。烹饪虽然是件小事，但是包含的东西却很多，比如地区文化、个人喜好、个人创造力等。心理学家认为，烹饪的过程同样能表现人们的心理，比如人们准备食物时的心理状态和情绪等。不同的人有不同的烹饪方式，也都有自己的烹饪习惯，这些都能在一定程度上展示出某种信息。

烹饪的时候总是自己动手，从来不让别人帮忙。有些人把烹饪当作是一门艺术，也把烹饪的过程当作是一种享受，他们愿意享受这个过程，认为人生最大的幸福就是享受烹饪带来的满足感。所以从准备工作开始一直到结束，他们都要自己动手，从来不假手于别人。这样的人大多数都耐不住寂寞，他们不甘平庸，也闲不住，总是觉得忙碌的生活更有激情一些。同时，这类人通常很有自信，但是对别人缺乏信心，所以无论什么事情都要亲自动手，交给别人便放心不下。

从来都不自己烹饪。吃饭从来都是吃现成的，要么等别人做，要么在外面买。这样的人可能有非常强的事业心，整天都非常忙碌，根本就没时间烹饪。也可能是非常懒惰，并且不懂得节俭。如果一个人因为懒惰而不做饭，那就说明他的内心缺乏冒险精神，也缺乏面对困难迎难而上的勇气，而且缺乏对新鲜事物的好奇心。他们可能觉得自己是一个随遇而安的人，不争不怒，但实际上别人会认为他们没有勇气，也不值得交往。

凭着自己的感觉进行烹饪。这样的人大多比较冲动，但是重感情，很多时候会出现感情用事的行为。在他们的心里，自由是最重要的，没有了自由生活将变得毫无乐趣可言。这类人不喜欢被条条框框限制，因此从来不会对任何人许下承诺，因为他们觉得承诺会耽误他们追求自由的脚步。这种人似乎也有一丝自私，在追求自由的过程中，他们从来都不在乎别人的看法，哪怕是自己的某些行为伤害了别人，他们也依然我行我素。

一边看和烹饪有关的书籍，一边进行烹饪。这样的人大多比较呆板，无论做什么事情都要找到一个准则或者依据。他们大多都没有主见，对自己也缺乏信心，总是觉得自己什么都做不好，什么困难都不能解决，遇到问题最先考虑的不是想办法解决，而是看有没有人解决过这种问题，向别人询问方法。

一边看电视上的烹饪节目，一边进行烹饪。这种人大多都有非常强烈的自我意识，他们什么事情都喜欢自己决定，自己去做，非常讨厌有人干涉自己。这类人通常都有完美主义情结，特别是对自己感兴趣的事情，他们会非常重视，并且力求做到完美。

一边向美食家请教，一边进行烹饪。这种人大多心胸广阔，他们不死板，不认死理，能够接受别人的意见和建议。但是，这种接受并不是全盘接受，他们有自己的想法，并且有一定的自信，所以他们会选择自己认为对的意见和建议进行改进。

在烹饪的时候喜欢使用一些小道具。这种人大多都有非常浓重的好奇心，对于新鲜、感兴趣的事物有着非常强烈的追求欲望。但是有些时候他们过于强势，为了得到自己想要的东西不择手段，只顾着自己的感受，而忽略了别人的想法。

点菜点的是人心

当人们去饭店吃饭的时候，不可避免地要面对点菜这个过程。有的人不喜欢点菜，有的人很喜欢点菜，在喜欢点菜的人当中，不同的人又会有不同的点菜方式，这些都与人的心理有着十分密切的关系。

等服务员把菜单拿过来之后才点菜。这种人大多非常稳重，但是心里却缺少自我意识，在生活中总是会按照别人安排好的道路前进，从来不去管这条道路是不是适合自己，也不清楚自己有没有能力在这条道路上走得更远。因为无论做什么事情都需要别人的安排和催促才会去做，所以这类人的心理的压力非常大。

大声喊服务员过来点菜。这种人的心里面有强烈的自我表现欲望，他们害怕别人不关注自己、不重视自己，因此总会用各种各样的办法来显示自己的存在，以此来满足自己心里面的欲望。同时，这类人通常都不会在乎别人的感受，只要自己高兴就行。有些人不但会大声地对服务员呼来喝去，而且还总是摆出一副“我是大爷”的样子，这样的人通常非常小气，不喜欢吃亏，对什么事情都斤斤计较，只要自己受了委屈，就会一直在心里面记着，一直到找到机会把自己受的委屈还给别人为止。

用打手势的方式招呼服务员过来点菜。这样的人大多非常稳重，他们不喜欢出风头，能够站在别人的立场上考虑问题。别人的机会他们是不会去抢的，如果是自己的机会他们也一定会把握住。

等到服务员介绍完之后再点菜。这样的人大多非常有主见，并且有极强的自尊心，但是不会为了满足自己的自尊心而忽略他人的感受，会充分尊重别人的意见。

犹豫不决，一直不知道自己该点什么。这样的人缺乏决断能力，并且愿意牺牲自己来照顾别人的感受。

速战速决，快速点菜。这样的人大多性子非常急，认为自己不能落后于别人，因此做什么事情都追求速度，追求效率，他们可以为了结果而不择手段。另外，这类人大多不容易相信别人，他们害怕别人的意见和自己不同，所以总是会用最快的速度把自己的意见落实。

点菜的时候只点自己喜欢吃的菜，从来不问别人。这样的人大多非常果断，并且不拘小节，在他们的心里面，无论什么事情只要自己喜欢就好，根本不在乎别人的感受。

点菜的时候会先问别人要点什么。这种人大多非常有礼貌，在他们的心里面，尊重别人的意见是一种最基本的品德。但是，如果一个人一边问别人要点什么，一边却自顾自地点自己喜欢的菜，那就说明他根本就没有把别人放在心上，不在乎别人的意见。

点菜的时候总是说“跟大家一样就行”。这样的人大多缺乏自信，没有主见。他们总是担心这个担心那个，害怕孤独，害怕自己被别人孤立，因此会想尽办法让自己和大多数人的步调一致。

先点好，随后根据情况来看是否需要变动。这样的人大多非常谨慎，在他们的心里面，总是有一套固定的标准，做什么事情都会按照标准去做，从来不会去想是不是应该根据实际情况事先改变自己做事情的标准。

心里面有自己的想法，但是最后还是会和别人点一样的菜。这样的人大多比较自卑，缺乏自信，他们害怕自己被别人孤立，因此从来都不会强硬坚持自己的意见。为了不让自己感觉到孤独，总是会为了配合别人而改变自己。另外，这类人的团队意识非常强烈，他们不希望自己游离在团队的外面，并且希望团队能够保持稳定。

一次点一大堆菜。如果一个人去饭店吃饭，不管喜不喜欢，也不管能不能吃完就点了一大堆菜，说明他的心里面非常烦躁，很可能是因为某些事情而感觉不爽，需要发泄。也有可能是为了炫耀自己有钱，让别人注意到自己。

吸烟动作背后的深层心理

吸烟有害健康，不过烟民数量依旧庞大。如今烟不仅是一种无益于健康的消耗品，还成了很多人的社交工具。见面之后打声招呼，递支烟，这是很多烟民的交流方式。在递烟和点烟的动作中，也有不少学问，不同的递烟和点烟动作，能够反映出一个人不同的心理。

见人就敬烟。这类人的心里面大多缺乏自信，因此在面对任何人的时候都有一种生疏感。他们总是认为自己不如别人，觉得自己好像低人一等。但是他们并不希望自己总是处于一种被动的地位，至少他们希望能够和别人处于同等的地位，因此就产生了通过共同爱好，拉近自己和别人的距离的做法。

非常礼貌地给别人递烟。给别人递烟的时候非常客气，并且一边递烟还一边说着客套话和恭维的话。这样的人心里面觉得自己和对方并不熟悉，不能够随便说话，害怕自己说错话造成一些不能挽回的后果。

给别人递烟时非常随便。这样的人基本上都认为自己和对方的交情非常深，关系非常好，不需要客气。

相互抢着给对方递烟。如果两个人见面的时候这样做，说明双方认识，但是谈不上熟悉，不过都想和对方加深感情，拉近关系。

自己伸手从对方的口袋中掏烟。如果一个人这样做，说明在他的心里面对方已是自己最亲密的朋友，双方的关系已经达到了不分彼此的程度。偶尔的打闹还能增进双方的关系，避免因为长久的不联系使双方的关系生疏。

不吸烟却伸手向别人要烟。向别人要来烟之后，只放在手里把玩，偶尔放在鼻子下面闻一下，这类人往往内心非常压抑。他们心里面可能对现实有强烈的不满，也可能是自己陷入了困境，迫切地希望内心能够得到解脱，也迫切希望自己能够走出困境。

点烟的时候把火柴盒的正面朝向对方。这类人的内心大多非常虚荣、好面子，对穿着打扮十分看重，也重视派头，总是想用一些虚无缥缈的东西来满足自己的优越感。他们这么做带有明确的目的性，一般都是为了让对方注意到火柴盒上印的某个高消费娱乐场所的名字，从而让对方产生羡慕的心理，希望以此让自己的内心得到满足。他们不一定去过火柴盒上印的那个场所，他们只是利用这个找到乐趣。

用一根火柴点两根烟。这种人大多有较深的社会阅历，内心非常冷静，能够准确把握对方的情绪。他们有一点儿大男子主义的倾向，希望所有的事情都能够掌控在自己的手中，喜欢在一些小事上帮助别人，从而找到那种“自己非常重要”的感觉，满足自己内心的欲望。如果是一个女人喜欢这样做，那么她一定是一个女强人。

用打火机点烟时打小火。这么做的人通常都很节俭，他们对自己非常苛刻，当然对别人也不会大方。这类人非常小气，没有博大的胸怀和气度，就跟稍微大方一点儿就会要了自己的命似的。另外，这种人很自卑，缺乏探索的勇气和冒险精神，他们不敢向往美好的生活，害怕自己迷失在其中，害怕自己的财产受到损失。

用打火机点烟时打大火。这么做的人一般都非常大气，但是有时却显得过于大气，有一些铺张浪费的感觉。他们心里面从来没有为自己的将来考虑过，信奉的是“今朝有酒今朝醉，明日愁来明日愁”。他们也特别现实，从来不去想那些虚幻的东西，认为活在当下才是最重要的。

点完烟之后喜欢玩打火机的开关。这个动作看似是一个多余的动作，但是却有相当大的作用，它能够排解一个人心里面的恐慌情绪。这样的人玩打火机时大多内心紧张，可能他们面对的是一个了不起的大人物，第一次经历这样的场面导致他们心神不宁，焦虑的情绪无处发泄。

在电梯中点烟。这类人大多非常自私，心里面装的只有自己。无论做什么事情都为所欲为，从来不考虑别人的感受。在他们心里，自己是“主角”，而其他的人都是“配角”，配角围着主角转是天经地义的事情。他们的心里面有非常严重的控制欲和表现欲，他们做的一切事情都是为了满足自己的欲望。

每个人都知道吸烟有害健康，但是仍然有很多人每天都离不开烟，这究竟是出于什么原因呢？心理学家认为，吸烟是一个人的矛盾心理和思想冲突的一种外在表现，而吸烟的动作则是一个人处理各种生活压力，表达自身的各种情感和喜怒哀乐的表现。我们可以通过一个人拿烟和吸烟的动作，来分析他的心理活动。

用名贵的烟盒装便宜的烟。这样的人通常有很强的虚荣心。

他们的心里面总是想一些虚无缥缈的事情，觉得自己是一个做大事的人，对于眼前的小事根本就不屑于去做，想要等到大事临头的时候再一展拳脚。但是等到真正的面临大事的时候，他们却发现自己根本就做不好，但是仍然嘴硬，不承认自己的失败。另外，这样的人喜欢炫耀，总是担心别人会看不起自己，所以就不停地炫耀，当自身无可炫耀的时候，就只能用这种可怜的办法来骗自己，满足自己心里的欲望。这种人在本质上和那些自己抽便宜的烟，却给别人递高档烟的人没有什么区别。

使用烟嘴吸烟。这种人往往内心比较冷漠，并且烟嘴越昂贵、越精致，他们就越冷漠。他们的内心总是没有安全感，觉得别人接近自己是为了找到自己的缺点，是为了害自己，所以一定要和别人保持距离。他们不希望自己的缺点暴露在别人面前，所以总是尽可能地装出一副“我很老练”的样子，希望把自己包装成一副成熟老练的样子，从而让自己的内心得到满足，并且也让别人看不透自己。

使用烟斗吸烟。这样的人大多非常沉稳，他们的心里非常淡然，能够在巨大的喜悦面前依然故我，也能够在泰山崩于前时岿然不动。无论面对什么样的事情，他们都会事先进行思考，觉得没有任何问题之后才会去做。

喜欢叼着烟。把烟放在嘴里叼着，不点燃。这样的人处于情绪不稳定的状态，可能是正在戒烟，但是烟瘾却犯了，导致心里面非常烦躁，所以希望能够用叼着烟的方式转移自己的注意力，减轻烟瘾给自己带来的痛苦。

喜欢含着烟。把烟放在嘴里含着，不点燃。这样的人通常心里面有某种欲望，但是却得不到满足，使得整个人内心非常浮躁，总想要把这种欲望发泄出来，因此希望能通过含着烟的方式来满足自己的欲望。

点完烟后用手拿着，却一口都不抽。这样的人可能正处于一种精神极度紧张的状态，他们可能正在思考某些非常重要的事情，也可能是正面对一件非常棘手的事情，导致自己的全部精力和注意力都集中在了心事上，忽略了手上拿着的烟。

一根接一根地抽烟。这种人大多非常烦躁，急需有东西能够安抚自己的内心。当烟雾吸进嘴里的那一刻，这类人会有一种非常美妙的感觉，能够瞬间使躁动的内心恢复平静。

大口大口地抽烟。在吸烟的时候抽得非常快，就像是想要一口气就把一根烟抽完一样。这样的人如果不是长期没能满足烟瘾，那就是情绪上产生了非常大的变化，可能是非常高兴，也可能是非常愤怒。

一边走路一边抽烟。这样的人心里面大都缺乏安全感，特别是在面对陌生人的时候，他们总是感觉心慌和不安，因此必须要找一种寄托，使自己的内心得到安慰。

抽烟时使劲咬烟头。这并不是一种好习惯，因为有这种习惯的人通常有自虐的倾向。这种自虐并不是说残害自己的身体，而是总是给自己的内心添堵。比如把别人犯的错误往自己身上揽，不停地责备自己，一件无关紧要的小事没有做好，就对自己各种不满意等。这种人过于追求完美，但是内心的焦躁却使他们注定离完美越来越远。

抽烟时不停地眨眼。有这种行为的人虽然是在抽烟，但是心思根本没有投入到抽烟这项活动当中，而是在思考其他事情。对他们而言，抽烟并不能说是一种习惯，只能说是一种放松的方式。

抽烟时抿着下嘴唇。这样的人通常不会产生紧张的感觉，他们大多比较努力，非常现实，从来不追求那些虚无缥缈的东西。

他们坚信通过努力获得实力，最后一步步走向成功才是正确的道路。至于做一件轰轰烈烈的事情之后，再一步登天这样的想法，根本就不在他们的考虑范围之内。他们认为机会总是留给有准备的人的，在没有获得机会的时候，他们会努力提高自己的能力，在机会到来的时候，便会迅速抓住机会。

在抽烟的时候把头稍微扬起，并且用嘴角抽烟。这样的人大多自信心非常强，特别是在自己擅长的方面。他们认为自己是最强的，不会有任何对手，这使得他们有些自大。这种人的内心坚韧，即使在自己最自信的领域被打败，也不会灰心气馁，反而会继续努力，迎难而上。

一边抽烟一边工作。这样的人大多很有自信。他们热衷于工作，在心里面工作永远是排在第一位的，任何事情都不能让他们放弃自己手头的工作。另外，这类人都非常偏执，有一种不服输的精神，做事情能够坚持不懈。他们总认为自己是最好的，自己的能力是最强的，如果有人否定他们的能力，他们就会非常烦躁，甚至可能会做出一些影响不好的事情。

抽烟的时候眯起眼睛，把烟雾深深地吸进肺里。这种人的烟瘾通常都非常大，在他们的心里面抽烟是一种享受，抽烟的过程就是享受人生的过程。他们是不折不扣的享乐主义者，追求精神和肉体的平衡，只要是能够感受到快感的东西，无论好与坏，都会让他们沉迷其中无法自拔。由于这类人大多缺乏自制力，导致自己总是活在那种虚幻的快乐当中，从而忽略了现实。

抽烟时用唾沫润湿嘴唇，甚至把烟弄湿。这种情况多发生在那些没烟瘾却抽烟，或者是第一次抽烟的人身上。这类人的内心有点儿幼稚，总是觉得自己做了一件成年人应该做的事情。另外，这类人还有一点儿自恋，觉得自己非常潇洒，却不知道别人都拿着看待小朋友的眼光看待他们。同时，这种人非常贪心，并且性格急躁，总是觉得自己什么事情都能做，一碰到事情就觉得表现自己的时候到了，但是最后他们往往什么事情都做不成，平白惹人嘲笑。

抽烟时把烟放在嘴唇的中央，烟头向上。这样的人大多爱慕虚荣，容易在各种虚无缥缈的美好中迷失自己。同时也好大喜功，做事不经大脑，只要是自己心里面认可的事情，就押上全部赌注，全然不考虑事情的前景到底如何。

抽烟时把烟放在嘴唇的中央，烟头向下。这样的人大多很理性，能够客观地对待事情。虽然在大众看来，他们的内心缺少热血情怀，但是他们却非常踏实。他们对自己的能力有清晰的认知，从来都不会勉强去做自己做不到的事情。

抽烟的时候把烟叼在嘴唇的左边。这样的人城府非常深，总是算计这个算计那个。他们做事情的时候非常慎重，如果心里面没有万全的把握，是绝对不会动手的。同时因为城府太深，他们总是很难对一件事情下准确的结论，所以显得缺乏决断力。但是这样的人却有着良好的大局观，能够从全方位来思考一件事情，如果不需要他们决断，只让他们分析，他们一定能够得心应手。

抽烟的时候把烟叼在嘴唇的右边。这样的人大多非常大胆，并且有着良好的直觉。他们做事情基本上都凭借自己的直觉，只要自己心里面认可，就会迅速出手，因此非常果断。

抽烟的时候伸直大拇指，顶在自己的下巴上。这个动作给人的感觉是非常悠闲，非常轻松的。这类人通常很有阳刚之气，面对大事的时候会迎难而上，绝不退缩，但是在面对一些小事的时候，却没有丝毫兴趣。在他们的心里面，自己就是要经历大事情和大场面的，他们非常讨厌去处理那些琐碎、细微的事情。

抽烟时把烟放在食指和中指的指尖上。这应该是一种最常见、最普遍的拿烟方式。这样的人缺乏主见和决断力，总是觉得自己的能力不足，因此大多数时候会选择随波逐流。

抽烟时把烟放在食指和中指根部。这样做的人大多非常乐观，他们有很强烈的自我意识，他们心里面总是认为只要自己高兴就好，不会纠结于别人的快乐和悲伤当中。另外，这种人的内心通常比较急躁，每次碰到事情不会深入去想，只要产生一点点的想法就会付诸行动，不会纠结。

抽烟时，用拇指、食指和中指拿着烟。这种动作在现实生活中很少见，在电影、电视等艺术作品中十分常见。如果一个人没有在演戏，但是在抽烟的时候却这样拿着烟，说明他的内心非常冷酷，并且有着非常强烈的自我意识。或许他心里认为自己的能力非常强，有足够的底气傲慢。

握拳式拿烟法。用手拿着烟时，看似把手握成了拳头的形状，但是实际上却是张开的。这是一种防御性的姿势，像是要告诉对方，自己不会被对方欺骗。一般做出这样动作的人都非常谨慎，在面对周围的人时非常警惕，很难相信别人。在他们的心中，真正会对自己好的人只有自己，至于其他人，必然都会带着某种不能说的秘密才会接近和关心自己。

抽烟时把烟朝上吐。这是一种非常自信的表现。这种人大多都有一定的优越感，他们在心里看不起别人，总是觉得没有人能和自己站在同一个水平线上，因此时不时地就会在心里面产生“寂寞如雪”的感觉。

抽烟时把烟朝对方吐。这样做带有一定的挑衅意味，通常做出这种行为的人都带有一种攻击性的心理。如果一个人在和别人谈话的时候把烟朝对方吐，那就说明他在心里面非常鄙视对方。

抽烟时把烟朝侧面或者下面吐。这种人大多非常细心，害怕给别人带来困扰。这种人总是会替别人着想，心里面害怕自己的行为影响到别人，也害怕别人讨厌自己。如果一个人在独处的时候这样吐烟，那就说明他的意志非常消沉，并且心里面充满了疑惑，觉得有很多事情都超出了自己的掌控，有点儿力不从心的感觉，甚至会想自己是不是老了。

吐烟的时候四处冒烟。吐烟的时候，烟不只从嘴里向外冒，还会从鼻孔向外冒。这样的人基本上情绪都不稳定。他们总是在心里面想很多事情，因此也总是给自己带来各种各样的烦恼。虽然他们有能力去解决这些烦恼，但是却从来都不行动，因为他们根本不相信自己的能力。另外，这样的人缺乏长远的眼光，并且性格冲动，经常会因为一时的义气而产生怒火，并且会让自己陷入困局中。久而久之，他们就慢慢失去了自信心，最终变得非常迷茫。

抽烟的时候，喜欢吐烟圈。这样的人大多非常有个性。他们的心里面有非常强烈的自我意识，并且有极强的支配欲望，喜欢自己做决定，如果有人管束，就会心生厌烦。如果一个人吐烟圈的时候，烟圈是朝上的，那就说明他的态度非常积极，并且有着极强的自信心；如果一个人吐烟圈的时候，烟圈是朝下的，那就说明他的心中没有一点儿自信，并且态度非常消极。

抽烟时，即使烟灰很长，也不弹一下。这样的人可能比较自卑，对自己缺乏信心，很多事情都不敢去做，因为他们总是担心会做不好。也可能是因为整个人比较懒散，他们心里面只在意那些所谓的大事，对于些许小事毫不在意，像弹烟灰这样的小事就更加不可能在考虑的范围之内。如果一个人只在工作的时候才做出这样的行为，说明他的心里面正在思考着某个重要的问题，心思根本没在抽烟上。

抽烟时不停地弹烟灰。在抽烟的时候，每抽一口就要弹一下烟灰，这是心里非常紧张的表现。这样的人心里面很可能正在进行激烈的斗争，导致他们非常痛苦，不知道究竟该如何选择。这类人大多心思非常重，对很多事情都耿耿于怀，即便是过去很多年，也时不时地会想起来，同时也会想“当年如果这么做会怎么样、那么做又会怎么样”等，心理素质非常不好。如果一个人频繁地弹烟灰并不是这种原因，那就说明他在故意装样子给别人看，目的就是为了吸引别人的注意，让大家都关注自己，满足自己的虚荣心。

抽烟的最后一个动作是灭掉烟头，不同的人灭烟头的动作和方式是不同的。灭烟头虽然只是一个常见的动作，但它是我们观察一个人当时的心理状态和情绪的重要依据。

舍不得丢掉烟头。一些人在抽烟的时候，恨不得将烟蒂都抽完，这种人如果不是生活非常节俭，那一定就是处事非常谨慎。他们大多有很强的猜忌心理，也有很深的城府，总是处心积虑地算计，从来都不会让别人知道自己的真实想法。在他们的心里面，别人都是不能够信任的，要是有人了解了自己的想法，那一定会坏了自己的事情。

在抽烟的时候突然把烟放下，或者突然把烟熄灭。如果一个人在抽烟的时候出现了这样的情况，说明他的情绪发生了非常大的变化，心里面一下子就变得紧张起来。这种紧张可能是由突然发生的事情而造成的，也可能是由于恐惧而产生的。

轻轻地敲灭烟头。有一种人在灭烟头时会轻轻地敲打烟蒂，直到有火的部分散落到地上熄灭。这样人大多内心温和，缺乏必要的冒险精神和决断能力。在遇到事情的时候，他们能够在心里面进行全方位的思考，却不能决定自己到底应该怎么做，即使做出了决定，也没有魄力去行动。

用水浇灭烟头。他们在把烟头按在烟灰缸里后，心里面却担心烟头并没有熄灭，因此再用水浇一次。这样的人大多有一些神经质，胆子很小，心里面总是在担心这个担心那个，患得患失，经常因为一些鸡毛蒜皮的小事而心绪不宁。

在烟灰缸里压灭烟头。这样的人大多是理想主义，有着强烈的进取心。他们从来都不满足于现状，总是在心里面设想未来会怎样，但是却因为忽略了现实，使得内心的设想和社会的现实有非常大的差距，因而导致他们心里无比的纠结，不知道自己到底是应该静下心来面对现实，还是应该为了自己心中的未来而努力奋斗。

把烟头折成几段弄灭。把烟头折成两段的人，大多比较轻浮、善变；他们非常现实，对于自己说的话从来不在意，为了达到目的可以不择手段，就算是违背自己的诺言、被别人鄙视，也在所不惜。而那些把烟头折成三段的人，要么就是做事情非常谨慎，总是害怕自己做的事情不够完美，要么就是非常好色，总是喜欢用花言巧语去欺骗异性。

把有火星的地方弄成一个球掐灭。这类人大多非常急躁，面对事情的时候，他们心里面总是想着一步到位，甚至是一步登天，不能够脚踏实地。但是他们却非常果断，只要心里面认定了的事情，就会马上付诸行动。另外，这类人经常不走寻常路，他们总会产生一些莫名其妙的想法，总会做出一些让人无法理解的事情。

把烟头丢在地上，用脚踩灭。这样的人大多具有较强的攻击性，并且有一种不服输的精神，但是并没有很强的自信心。他们总是觉得别人比自己强，别人看不起自己。为了找到心理平衡，也为了发泄自己的不满，他们总是会想办法讽刺和嘲笑别人，丝毫不在意这种行为会给自己和他人带来什么样的影响。

即使火没有被灭掉也不在意。有些人在抽烟的时候会很马虎地处理烟蒂，他们不会在意烟蒂到底有没有熄灭，也不会在意烟头是不是仍进了烟灰缸或垃圾筒里。这样的人大多处事轻率，考虑问题不全面。总是以自我为中心，他们心里认为，周围的人就应该围着自己转，并且为自己服务。总是认为自己感觉好才是最重要的，从来不考虑别人的感受。

拿杯子不只是用手，还用心

在现代社会，人们越来越离不开喝酒了。在喝酒的时候，除了个别人喜欢“对瓶吹”之外，其他人基本上都会用杯子喝。拿酒杯的动作虽然看起来十分简单，却包含了很多信息。心理学家认为，人们在喝酒的时候拿杯子的动作也能反映人的心理状态。

用两只手拿着酒杯。一般只有在喝酒时处于被动状态的人，才会做出这样的动作。这种人缺乏安全感，他们不喜欢说话，也不喜欢主动去做什么，因此在别人高高兴兴地喝酒的时候，他们总是显得心事重重。实际上这类人并不喜欢这样的场合，因为他们总是要想着怎么去应付别人，怎么去防止别人灌醉自己等问题。

用手捂住杯口。在喝酒的时候，用手紧紧地捂在杯子上面，不让别人再给自己倒酒。这样的人也许真的是喝到不能再喝了，如果不是这样，那就很可能是他们并不信任别人。同时他们害怕别人看不起自己，害怕自己丢面子，所以无论在什么样的情况下都要伪装自己，不想让别人发现自己真正的想法，不愿意对别人坦白自己的真实想法。

紧握杯子，大拇指按住杯口。这样的人大多性格坦率，心里面没有太多的想法，也不会去算计别人，喜欢直来直去。只要还能喝，他们就不会虚伪地说自己喝不进去了。如果条件允许，他们甚至愿意一醉方休。如果一个人在酒桌上这样拿着酒杯，他的意思就是奉陪到底。

紧握杯子，大拇指顶住杯子边缘。这样的人大都非常聪明，对自己有清晰的了解。他们的想法非常明确，就是一切以自己的实际情况为标准。无论遇到什么样的事情，只要力所能及，他们就会去做，如果力有不逮，他们是坚决不会去做的。拿喝酒这件来说，在这类人的心中会有一个度，只要不超过这个度，怎样喝都没问题，一旦超过了这个度，无论如何他们都不会再继续喝。

不停地玩弄酒杯。有些人在喝酒的时候，会一边喝酒，一边漫不经心地玩弄酒杯。这种情况大多都发生在那些事业心不强，但是琐事非常多的女人身上。如果一个女人在喝酒的时候有这样的表现，要么是她的心思根本就没有在喝酒这件事上，要么就是在卖弄风情，想要吸引异性的注意。

一只手拿着杯子，另一只手漫不经心地划着杯沿。如果一个人在喝酒的时候这样做，说明他的心里面正在想着别的事情。对于这样的人来说，喝酒只不过是一项简单的活动，并不需要投入百分之百的精力参与其中。

把杯子放在手掌上，并且滔滔不绝地讲话。这种动作同样是一种常见的女性动作。如果一个女人在喝酒时做出了这个动作，说明她的心思没有在喝酒这件事上面，有可能她早就忘了自己正在喝酒，心里面想的全部都是自己和别人的谈话内容，以及对方的感受。这种女人大多非常真诚，只要你对她好，她就会发自内心地对你好。

把杯子放在大腿上。这也是一个比较女性化的动作。在喝酒时这样做的人，一定是对对方说的话题很感兴趣，把自己的心思全部集中在了谈话上。

握住高脚杯，食指向前伸。这类人大多城府很深，并且有各种各样的欲望。他们总是希望自己在别人心里面有很高的地位，但是自己却从来都不去努力，总想依靠那些有钱有势的人来达到自己的目的。

喝酒时及醉酒后的不同反应说明什么

不同的人在酒桌上会有不同的表现，在喝醉之后同样会有不同的表现。这些不同的表现可以反映出一个人的性格和心理。

在酒桌上狂欢豪饮。不管多大的酒杯，也不管自己有没有喝醉，只要杯子里有酒，就会一饮而尽，并且给人一种十分高兴的感觉。这样的人要么是心思特别单纯，没有城府，只是觉得既然喝酒就要好好喝；要么就是对于自己的过去非常不满意，想要和过去彻底告别，用崭新的面貌去面对美好的未来，而喝酒就是对过去的一种祭奠。

喝酒时不待在自己的座位上，而是四处走动，不停地给别人倒酒。这种人大多处事圆滑，并且非常冷静。他们有极强的防御心理，同时有很多欲望，但是他们本身对这些欲望会感到不安和厌恶。他们并不想自己心里面的欲望暴露出来，所以希望通过这样一种行为来掩盖自己，迷惑别人。

喝酒的时候什么都不干，等着别人给自己倒酒。这种人的心里基本上只装着自己，装不下别人，他们有着非常强烈的以自我为中心的倾向。这类人大多非常虚荣，在他们心里，别人给自己倒酒是天经地义的，并且只有这样才能满足自己的虚荣心。另外，有一些人性格过于内向，并且胆子特别小，他们可能很想给别人倒酒，但是却不好意思付诸行动，害怕受到别人的非议。还有一些人则是心里面害怕孤独，希望别人能够注意到自己，当有人给自己倒酒，恰好就是表明对方注意到了自己，这样自己心里面的欲望就得到了满足。

喝酒的时候喜欢劝酒。这样的人大多非常热情，无论面对什么样的人或事情，都能够积极主动面对，往往心里面怎么想，就会怎么做。但是，这种人的内心有时候却并不沉稳，很容易激动，常常做出一些超乎我们想象的事情。

喝酒的时候不但喜欢劝酒，还喜欢喝酒。这样的人同样是以自己心里面的想法为做事情的标准，绝对不会有虚伪的表现。但是有时候他们却表现得过于冷漠，并且具有侵略性。

喝醉酒后猛打电话。很多人在喝醉之后，会产生很强烈的孤独感。其实他们平时就感觉孤独，并且满腹心事，但是在清醒的时候能够控制住，而喝醉之后，人的意识不清，自控力不足，平时压抑在心底的情绪就会爆发出来。这个时候，人们最常做的事情就是给自己想要亲近的人打电话，希望能够和别人进行沟通，倾诉自己的心事。如果你遇到有人喝醉后给你打电话，说明你在他的心中有一定的地位，所以有必要关心一下对方，帮助对方消除心中的孤独感。

喝醉酒之后四处乱转。这类人大多都有极强的个性，他们生性不善于交际，但是心里面却非常希望和别人交往，总是觉得生活应该更畅快一些才有意思。如果一个人喝醉酒之后开始四处乱转，说明他很希望认识周围的人，并且希望和他们建立良好的关系。如果一个人喝醉酒之后离开了自己的座位再也没回来，可能是因为他心里非常自卑，周围的人让他感觉到了压力，还有可能是因为他不喜欢座位对面的人。

喝醉酒之后哭。在生活中有一些人平常看起来非常乐观，给别人留下的印象也非常好，但是只要喝醉之后就会哭，甚至是放声大哭。这类人大多比较柔弱、情绪化，心里很感性。

喝醉酒之后不停地说话。这类人大多是那种平时不喜欢说话，但是心里面非常想要和别人交谈的人。如果一个人只要喝醉酒之后就不断说话，就说明他的心里面非常孤独，他不愿继续忍受。

喝醉酒之后喜欢唱歌。这种人大多比较世故，并且有责任感。如果一个人和别人喝醉酒之后又去唱歌，说明他非常想要和与自己喝酒的人成为好朋友。如果唱歌时抓着麦克风不放，则说明他非常想出风头，想要引起别人的注意。

喝醉酒之后打瞌睡人。这类人大多意志薄弱，心里面缺乏冒险精神和迎难而上的勇气，同样也不知道怎么样拒绝别人。对于别人求自己的事情，无论多么难他们都会答应，而对于自己的事情，只要遇到一点儿困难他们就选择放弃。这类人如果不是因为真的喝到“不省人事”的地步，那就一定是因为心里面存在着恐惧感，害怕自己的丑态被别人发现。

喝醉酒后变得更有礼貌。这类人在平常的时候可能不是很讲究礼节，但是在喝醉之后却非常注重礼貌，甚至特别喜欢向别人鞠躬。他们大多非常有韧性，内心坚忍不拔，但是对别人缺乏信任感，总是觉得什么事情自己都可以解决，不需要别人的帮助，也不相信有人会帮助自己。如果一个人喝醉酒之后对别人非常有礼貌，就说明他心里面觉得自己和对方有一定的距离，并不是真正的朋友。

喝醉酒之后变得很凶。这类人平时大多看起来非常老实，做事非常谨慎，对于别人的话也言听计从，并且从来不会做出格的事情，总是给人一种好欺负的感觉。实际上这种人的内心非常压抑，把别人对自己的欺压全部都转化成了狂暴的情绪，隐藏在心里面。如果一个人喝醉酒之后变得非常凶，像是要和别人打架一样，那他一定是压制不住自己的情绪了，此时他很有可能做出让自己后悔的事情。

喝醉酒之后变得下流。如果一个人喝醉酒之后变得下流，说明在平常的时候他的欲望得不到满足，因而心理发生扭曲，走向了另一个极端，希望能够通过下流的作为来满足自己内心的欲望。

喝醉酒之后变得活泼。这样的人大多平时非常谨慎，心里总是在防范着别人，害怕别人攻击自己，看不起自己，也害怕别人察觉到自己的缺点。但是在喝醉酒之后，他们心里面的所有恐惧好像一下子都消失了，因此就开始肆无忌惮地表现真实的自己，希望能够使自己的心灵得到放松。

喝醉酒之后变得沉默寡言。如果只是偶尔出现这样的情况，那他一定是遇到了某些烦心事，内心非常烦闷。如果每次都出现这样的情况，那他的心里面一定缺乏信心，总是有一种受到威胁的感觉。也有可能是因为他的内心非常坚定，知道喝醉酒之后说话会暴露自己的真实心理，为了不让别人知道自己的想法，所以强硬压制自己的情绪，保持沉默寡言的状态。

喝醉酒之后动作变得非常夸张。这类人大多非常自卑，对自己没有信心，导致做事情总是畏首畏尾，使得很多人都看不起他们，因此在他们心里形成了非常严重的反抗心理。他们讨厌别人看不起自己，但是只有在喝醉酒之后才有勇气表现出来。

喝醉酒之后反复干杯。这样的人要么是和对方关系非常好，要么就是他的情绪不稳定，心里面害怕对方不搭理自己。

喝醉酒之后垂头丧气。如果一个人喝醉酒之后有这样的表现，说明他们的心里面对某个人或某件事情感到惋惜，但是害怕平时表现出来被别人发现，惹上不必要的麻烦。

刷牙习惯上的心理差异

良好的卫生习惯是我们每个人都应该拥有的。如果不讲卫生，轻则可能会让别人讨厌，重则可能引起各种疾病。一般来说，讲究卫生的习惯需要从小事培养起，比如刷牙。我们每天都需要刷牙，至少是两次，有些人会刷很多次。不同的人在刷牙的行为上也是有一定差别的，刷牙方式的不同主要是受人的不同性格和心理影响的。

上下刷。有些人在刷牙的时候会采用上下刷的方式，单从刷牙方式上来说，这是最正确的方式，或者说是所有人都应该采用的方式。使用这种方式刷牙的人，大多都有比较强烈的自我意识，不喜欢受到限制和制约，也不喜欢别人在自己面前指手画脚。他们无论面对什么事情，都能够以乐观的心态去面对，同时也非常希望能够把自己乐观的心态传递给别人，让人和人之间的关系都变得和谐、美好。

左右刷。从科学的角度上来讲，这种方式不能算是正确的，但是也不算错误的。一般采用这种方式刷牙的人，在心理上一定很不安分，他们可能很小气，心胸狭隘，对很多事情都喜欢斤斤计较，所以总是会因为一些小的事情和别人发生不愉快。这类人通常只考虑自己的感受，比如他们宁可让别人吃亏，也不会让自己吃亏。

只在早晨刷牙。这类人对形象非常在意。在他们的心里面，最看重的就是自己的形象，对其他的东西都不是很在意。之所以选择在早晨刷牙，就是为了能够让别人看到自己时产生“这个人的形象还不错”的感觉。他们永远都把自己最好的一面展示给别人，这是他们的目标，也是他们努力的方向。

只在晚上睡觉之前刷牙。这种人的心里没有足够的安全感，特别是在做事情的时候，他们总是觉得时间拖得越长，出问题的概率就越大。所以，这种人做什么事情都追求干脆利索，他们并不要求尽善尽美，只要结果过得去就好，最重要的是尽可能地缩短时间。

每天刷很多次牙。这样的人不仅心里面缺乏安全感，并且有强迫症的嫌疑，追求完美。这种人无论做什么事情总感觉自己做得不够完美，所以在做完事情之后会反复检查。他们希望能够得到别人的关注，但是又担心自己的缺点被别人发现，所以内心非常纠结。他们的时间经常浪费在一些小事上，不过他们自己并不在意。

用电动牙刷刷牙。电动牙刷很省力，也很方便。一般来说，采用这种方式刷牙的人大多追求享乐，在他们心里，只要能够自己不动手，那就坚决不动手。

用冲牙机清洁牙齿。这种人的对于新鲜事物的追求欲望非常强烈，并且也能够接受各种新鲜事物，但是容易喜新厌旧。在他们的心里面，新潮、刺激、八卦、奇闻都是自己喜欢并追求的东西。

用牙线清洁牙齿。采用这种方式清洁牙齿的人，大多非常谨慎，并且有很强的自信心和责任感。无论面对任何事情，他们都有信心能够做好。

采用橡皮制品的尖端来剔牙。这种人的思维大多非常缜密，并且有很强的自信。无论面对什么事情，他们都不会提前准备，就算是面对非常棘手的突发情况，他们也有信心在最短的时间内镇定下来，并且想到解决问题的办法。另外，这类人从来都不逃避责任，在他们心里面，该是自己承担的东西就一定会主动承担。

从挤牙膏的方式上来看。

牙膏用得很少的人。牙膏可以说是我们日常生活的必需品，如果一个人在刷牙的时候连牙膏都用得很少，那么这个人一定非常节俭。这类人的思想传统并且保守，容易满足现状。在他们的心里面，任何东西只要能够发挥出最大的作用就可以了，不需要在意数量的多少，也不需要在意品质的好坏。在面对事情的时候，这种人习惯于墨守成规，做事情死板，并且没有主见、没有魄力，缺乏冒险精神，只要遇到一点儿困难，就会主动放弃。

牙膏用得很多的人。牙膏并不是金钱，不是那种多多益善的东西。在刷牙的时候，并不是牙膏用得越多越好，适量就可以。在刷牙的时候挤很多牙膏的人，基本上都是大手大脚的人，不懂得节俭。这类人的内心通常有强烈的不安感，总是觉得什么东西都不够，因而很多东西就在无形之间被挥霍掉了。但是，这种人的冒险精神非常强烈，无论面对什么样的困难，他们都不会害怕，并且有信心能够冲破各种各样的阻碍。

从中间挤牙膏的人。这样的人通常只重视眼前利益，忽略长远的发展。在他们心中，享受当下是最重要的，而且只要随心所欲就好。我们通常说这类人乐观豁达，也可以说是没心没肺。

从尾部向上挤牙膏的人。挤牙膏的时候非常小心，总是从牙膏的尾部开始挤，一直到把牙膏全部用完为止。这样的人在生活中一直都保持勤俭节约的作风，在他们的心里面，任何浪费的行为都是不能容忍的，他们甚至会因为自己无意间做出的某种浪费行为而感到非常惶恐。这种人通常比较随和，他们心里面懂得人不可能不犯错误这个道理，因此，当有人犯错的时候，他们能够用平和的心态去对待。虽然他们可能不会去安慰别人，但是却能够在心里体谅别人。

挤牙膏之后，找不到牙膏盖的人。这样的人如果不是一个粗心大意的人，那一定就是一个不在意琐碎细节的人。这样的人往往有很大的魄力，从来不在小事情上斤斤计较，但是在面对大事的时候他们一定会有自己的主见。他们总认为自己是一个做大事的人，因此对于那些小事从来都不放在眼里。

等电梯与乘电梯时的表现意味着什么

现代社会，随着高楼大厦越来越多，电梯也逐渐出现在了更多人的生活当中。在等电梯或者坐电梯的时候，会有一段空闲时间，不同的人在这段时间里会有不同的表现。

在等电梯时不停地按电梯键。这种人大多性情急躁，心里藏不住事情，往往想到什么就必须说出来或者立即去做，属于彻头彻尾的行动派。但是，这类人通常都不够沉稳，心里面也分不清轻重缓急。对于他们来说，把自己心里面所想的事情说出来，让自己的情绪得到发泄，自己内心舒畅才是最重要的，至于自己心里面想的事情是不是重要，会不会影响其他重要的事情，他们并不关心。

等电梯时抬头看天花板或者环视周围的广告牌。这通常是为了避免自己的目光与别人的目光相遇。这类人通常具有较强的防御性心理，虽然能够虚心接受别人的意见，但是对于陌生人却并不信任，同时他们心里面也很害怕自己的弱点暴露在别人眼前，害怕自己会给别人留下不好的印象。

等电梯时眼睛盯着电梯上面的楼层显示灯。这样的人大多非常冷静并且谨慎，他们心里面对任何事情都有明确的想法，从来不会冲动，也不会冒险，懂得明哲保身的道理，任何事情都会等到弄清楚之后才会去做。另外，抬头盯着楼层显示灯，同样有一种逃避和别人目光相视的想法，也就是说这样的人同样有很强的防御性心理，他们非常讨厌别人接近自己的安全区，一旦发生这样的情况，他们就会觉得不舒服。

等电梯时低头注视地板。这样的人大多内心非常封闭，他们不喜欢面对外界，也不喜欢与别人沟通，对于新鲜的事物更是不能接受。这类人的内心世界往往非常狭小，并且对自己缺乏信心，只要面对新的事物就会感觉到不安，总是觉得新鲜的事物会对自身造成强烈的冲击，同时不认为自己在面对新鲜的事物时会有良好的表现。但是，对于自己熟悉的人他们会非常信任，面对自己熟悉的事物他们也没有任何问题。总而言之，这类人就是过于小心谨慎，害怕承担责任。

等电梯时在地上跺脚。这种人大多都具有深厚的艺术才华，并且有较强的直觉能力。他们的内心尊重自身的直觉，只要是他们认为正确的事情，就会毫不犹豫地坚持去做，如果是他们认为错误的事情，就会立马与之划清界限。

坐电梯时和周围的人搭讪。这样的人大多有很强的自信心和安全感，他们心中并没有什么私人空间的概念，觉得大家碰到就是一种缘分，所以应该多多交流。另外，这类人对于外界或者是新鲜的事物并不会排斥，无论走到哪里，都能够在心里面产生归属感。

坐电梯时从来不和周围的人搭话，最多只是笑一笑。这类人的心里面对任何事情都有着明确的界限。在他们认可的界限之内，他们非常有信心，觉得自己做什么事情都能做好，一旦超出了他们认可的界限，那他们的信心就会丧失，无论做什么事情都感觉力不能及。

坐电梯时按电梯关门键。有些人坐电梯时是等电梯门自动关上，但是有些人却必须要按电梯关门键，甚至要连着按好几次。这种连按几次行为的目的，是为了快速达到自己的目标。也就是说，这类人的心里面对速度非常在意，做事情只考虑结果，从来不会去享受过程。另外，这样的人通常都有非常大的精神压力，他们有什么事情都习惯于憋在心里面，时常感觉非常压抑，觉得自己像是要爆炸一样，急需发泄出来。

手握电话，心灵指挥

在现代社会，打电话是人们远距离交流最快速、最便捷的沟通方式。心理学家研究之后发现，人们在用打电话的方式进行交流虽然和面对面交流的方式有很大不同，但是打电话时的一些小动作或是某些习惯性动作能够准确地反映出人的心理状况。

在打电话时手里拿着铅笔或圆珠笔等进行拨号。这种行为通常会被认为是故作姿态，但实际上并不是这样。这类人大多内心急躁，遇到事情的时候总是会显得特别着急。如果一个人用这样的方式拨打电话，说明此时他一定有很多事情要做，非常忙碌，并且他心里也非常焦急，正处于一种紧绷的状态。

电话铃声响起之后，并不着急接。如果一个人总是这样做，说明他的心里面只在乎自己，总是以自我为重心，从来都不在乎别人的感受，最起码没有考虑过来电者的感受。就算他接起电话，只要不是他感兴趣的人或话题，他就会草草应付几句就挂掉电话。这类人大多欺软怕硬，碰到比自己强的人就低眉顺眼，碰到不如自己的人就呼来喝去。

一边打电话，一边做记录。如果一个人在打电话之前就准备好笔和纸，并且在打电话的时候认真记录，说明他非常严谨，对任何事情都不会敷衍。他们总是在心里面把所有事情都进行周密地考虑，只有在考虑清楚之后才会付诸行动。如果在接到电话之后才急匆匆地去找纸和笔准备记录，并且在记录的时候字迹非常潦草，这样的人多半没有城府，心里面从来都不想过多的事情，也从来不会事先做计划，只有事到临头才想起应该提前准备一下。如果一个人一边打电话，一边在纸上写一些毫无意义的东西，说明此时他在心里面一定觉得非常无聊，可能是对方说的内容他根本就不感兴趣，也可能是他根本就没有听对方在说什么。

一边打电话，一边在纸上画画。如果一个人一边打电话，一边在纸上信笔涂鸦，画一些没有人能够看懂的东西，这种人通常都很乐观，无论面对什么困难，都能保持积极的心态。如果一个人一边打电话，一边在纸上画小人，说明此时他的内心非常无助，可能是想要逃避某些责任，但是良心上的不安却让他没办法开口。如果一个人一边打电话，一边在纸上画花或者太阳，说明此时他的内心非常脆弱，强烈渴望得到别人的关心和安慰。如果一个人一边打电话，一边在纸上画十字，说明此时他的心里面非常内疚，可能是因为他做错了一些事情正在自责。如果一个人一边打电话，一边在纸上画格子，说明此时他的心里面极度不自信，可能是正陷入在某种令他不安或尴尬的状况当中。

一边打电话，一边做其他事情，比如说整理文件、擦拭桌椅等。我们都知道，打电话实际上也是一种和别人交流的方式。既然是和别人交流，那就必须要有礼貌。虽然打电话时双方是不能见面的，即使表现得非常有礼貌，对方也看不见，但是最起码在态度上要认真，一心一意，不能做其他的事情。但是，打电话毕竟只需要一只手，还空出一只手。因此，有一些人在打电话的时候就会用另一只手去做其他事情，并且是和打电话无关的事情。如果一个人这样做，可能有两种情况：第一种情况是他的进取心非常强烈，不愿意浪费时间。第二种情况是他根本就不尊重对方，不在意对方，在他的心里面，和对方打电话是一件无聊的事情。

一边打电话，一边用手玩弄电话线。如果一个人打电话时这样做，要么是因为他心不在焉，根本就没有听对方在说什么，或者是根本就不在意对方在说什么；要么就是他内心非常豁达，对什么事情都顺其自然，从来不会绞尽脑汁地去思考一件事情，总是想着“天塌下来有个高的顶着”。

打电话的时候非常随意、散漫。这种人要么是心里面没有任何负担，对于电话中谈及的所有内容并不关心；要么就是非常有自信，觉得自己什么事情都能够解决，完全不需要有任何紧张的感觉和表现。

在打电话的时候要么坐着，要么躺着，总之会选择一个让自己觉得舒服的姿势。这种人的内心非常沉稳，在他心里面，可能任何事情都不能算得上是大事，至少没有比自己待着舒服重要的，没有事情能够让他陷入焦急、恐慌的状态中。

用肩膀和头部夹着电话。这样的人大都非常谨慎，他们在心里面不希望自己犯任何错误，所以无论是什么事情都要考虑周全之后才会作决定。如果一个人用这样的姿势打电话，要么是他非常忙碌，根本就没有空闲的手来拿电话；要么就是他心里面正在思考某些事情，权衡利弊。

一边打电话，一边走来走去。用这种方式打电话的人，大多向往自由，在他心里面，讨厌刻板和教条主义，讨厌单调有规律的生活，他喜欢新鲜事物，富有冒险精神，总是希望自己能够面对各种各样的挑战。

在打电话时突然改变自己的姿势。如果一个人本来是站着打电话，但是却突然间坐到了椅子上，可能是因为时间长了，他觉得有些累。也可能是他突然对谈论的话题或者是来电者产生了兴趣，在心里认为打电话的时间可能会延长。如果一个人本来是坐着打电话的，但是突然间站了起来，可能是因为对方说了一件不可思议的事情，使他非常惊讶；也可能是希望对方对双方谈论的事情做出结论，他的心里非常焦急；还可能是对自己的想法非常有信心，希望明确地传达给对方，也希望对方能够理解自己，在这种心态下出现的一种下意识的反应。

如果一个人在打电话时，本来态度非常散漫，但是一下子变得专注和认真起来，说明对方一定在电话里给他传达了一个非常重要的信息，使他不由自主地在心里面加强了重视程度。

在打电话时总是把短话长说，能诉苦就绝对不会说重要的事情。这种人大多内心非常压抑，总是觉得自己的心中有很多苦闷却无处发泄。他们总是纠结于一些鸡毛蒜皮的小事，非常希望能够得到别人的关心和安慰。

用过座机的人都知道，使用座机的时候，需要一只手拿着话筒，另一只手拨号。仔细观察就会发现，不同的人在拿话筒的时候，力度、手放置的位置、小动作、话筒与耳朵的距离等都是不同的，这主要与人们手握话筒时的心理、情绪有关。

用力握紧话筒。在打电话的过程中，一直用手紧紧地握住话筒，不会因为和别人谈话的内容而改变，也不会因为声音以及表情的变化而发生变化。这种人的内心大多非常坚强、坚定，只要是他们心里认准的事情，就会努力去做，绝对不会放弃。这种人从来都不会盲目做事，他们心里面总是有着十分清晰的想法，知道自己应该怎样去做才能赢得别人的尊重和重视。

轻握话筒。用手拿着话筒时，完全没有用力，显得一副有气无力的样子，就好像手里的话筒特别沉重，随时会掉下来一样。如果一个人在打电话时这样拿着话筒，要么就是他的心里面只想着自己，从来不想别人，打电话时也只顾自己滔滔不绝地说；要么就是他心里面缺乏自信和勇气，也缺乏坚定的信念，做什么事情都是头脑发热，一旦思考起来，就觉得自己没有能力把事情做好，继而选择放弃。

手握住话筒的上方。这个动作大多会出现在女性的身上，是一种女性化的动作。如果是一个男人习惯用这样的方式握住话筒，那就说明他有一些女性化的倾向。如果是一个女人用这样的方式握住话筒，那么她心里面一定非常反感去人多的地方，向往着自己能够独自待在一个安静地方地生活，并且喜欢孤芳自赏，喜欢安静，讨厌哗众取宠。

手握住话筒的下方。这是一个比较男性化的动作。如果一个人男人用这种方式握住话筒，那么在他心里最重要的东西是成功。他可以不在乎困难，也可以不在乎环境，只要是能够取得成功，无论面对什么样的困难，无论身处什么样的环境，他都能够朝着自己的既定方向前进。如果是一个女人用这样的方式拿着话筒，则说明她有一些自大，从心里面看不起别人。

用手握住话筒的中间部分。这是一种最常见的握着话筒的姿势，男人和女人都会使用。这样握话筒的人内心非常安定，渴望平静的生活，对于超出自己能力的事情，不会执着地追求。

握住话筒的时候食指伸直。如果一个人用这样的方式握住话筒，说明他有着极其强烈的自尊心，自我意识非常强烈。他们的心里面非常讨厌接受别人的指挥和控制，总是希望以自己的能力去挑战那些未知的事物，即使是必须要很多人一起活动，他们心里面也只能接受自己领导别人这种情况发生。

手握住话筒，并且远离耳朵。这种方式大多会出现在女性身上。如果一个女人用这样的方式握住话筒，可能是她有极强的自信心，无论面对什么样的事情，她的心里面都认为自己能够取得成功。也可能是她的心里十分压抑，感觉周围环境给了她太大的压力，因此任何东西靠近她，都会遭到她本能地排斥。

紧握话筒，贴近耳朵。在打电话的时候，用手紧握话筒，并且贴近耳朵，同时身体向前倾，面带笑容，一边说话还一边配有肢体动作。如果一个人在打电话的时候这样做，就说明他非常希望能够了解对方，同时心里面也希望自己能够得到别人的认可和重视。这类人大多都很不自信，因此在没有人看见的时候，他们会想办法增强自己的自信心。

开车、坐车的方式透露深层心理

多数男人都喜欢汽车，并且希望拥有一辆属于自己的车。这部车并不一定是豪车、跑车，重要的是自己开车时的感觉。心理学家认为，一个人控制汽车的方式与控制自己身体的方式相差不大，我们可以把汽车作为人的肢体的延续，那么开车的方式就成了肢体语言的机械化方式。也就是说，人们开车的方式与人们的心理有着密切的关系，不同的开车方式和习惯代表着不同的心理。

开车的时候总是超速。这类人大多性格非常暴躁，并且自我意识强烈，容易发脾气。他们讨厌别人给自己设置的各种各样的限制，讨厌被各种规矩束缚，有点儿愤世嫉俗。如果一个人开车超速，可能是他有事情必须要马上处理，时间非常紧急。也可能是他的心里面非常愤怒，觉得某件事情对自己非常不公平，或者是觉得自己被骗了等。

开车的时候速度非常慢。这类人大多不自信，他们胆小怕事，心里面总是在担心这个担心那个，害怕自己的弱点被别人发现，也害怕别人看不起自己，最重要的是他们通常都缺乏勇气，什么事情都不敢承担，如果一件事情不是必须要自己去做，他们一定会找别人代劳。如果一个人在路上开车非常慢，可能是因为他对自己的驾驶技术不自信，害怕车速提高之后自己不能驾驭。也可能是有其他事情需要处理，比如说接电话、喝水等，他们没有把心思放在开车上。

从来都是按照规定的速度行驶，既不会过快也不会太慢，非常遵守规矩。这种人的心态非常平和，能够把所有的事情都看清楚。在他们的心里面，汽车就是代步的工具，它的作用并不是用来炫耀的，它唯一的作用只是把自己从一个地方带到另一个地方去。对于这类人而言，中庸或许是最好的评价。

开车时喜欢超车。有一些人在开车的时候，只要看到前面有车，就一定要超过去。这类人大多有极强的好胜心，不服输，不喜欢别人比自己强。另外，这类人的心理非常不稳定，一旦自己处于劣势，心理就会发生变化，甚至是走向极端。如果一个人在路上开车时突然超车，可能是他有急事需要去处理；也可能是想要炫耀一下自己的车，同时在心里面鄙视对方；还可能是为了让对方停下来和自己说话。

开车时不换挡。这样的人通常都特立独行，信奉自己的事情自己做主。他们对于自己应该走的道路有着明确的规划，因此不喜欢别人指手画脚，即使碰到一些困难，他们也不愿意去求别人，因为他们害怕自己对别人产生依赖。

开车的时候，总是在距离目的地还有很远的时候就提前刹车。这样的人大多比较谨慎，甚至有些胆怯，他们的心里面总是担心自己做错事情，害怕造成严重的后果，同时也害怕遭到别人的鄙视。所以遇到事情的时候，他们总是会在心里面产生很多想法，因此表现得畏首畏尾。

开车时经常大声按喇叭。这类人的情绪通常不稳定，他们总是觉得自己被威胁，因此在生活中经常会大喊大叫，莫名其妙地发脾气，做事情的时候也缺乏效率。如果一个人在开车的时候，突然在完全没有必要的情况下大声按喇叭，说明他的心里面非常焦躁，总觉得有什么不对的地方，但是却不清楚问题到底出在什么地方。

在绿灯亮后才发动汽车。这样的人大多非常低调、谨慎，认为只要自己不锋芒毕露，就会非常安全。因此，无论做任何事情他们都会经过一番具体地谋划，只有在确认万无一失之后才会行动。

绿灯亮后猛踩油门。在开车的时候，只要绿灯一亮就马上踩下油门，抢在前面冲出去。这样的人大多反应敏捷，有着极强的随机应变能力。他们有着强大的自信，渴望自己能够抢在所有人之前获得成功。

堵车时一点儿都不着急。我们都知道，随着车流量的逐渐增大，堵车已经成了一个非常常见的问题，特别是在一些大城市，堵车更是成了家常便饭，否则也不会有那么多的城市出台限号政策，也不会有那么多人宁愿去挤地铁也不愿意自己开车出门。相信很多人都经历过堵车，所以应该知道，在堵车的时候人的内心通常都是非常焦虑的。但是有一些人明明有重要的事情要办，但是碰到堵车时却依然不慌不忙，似乎一点儿也不着急。这类人大多内心沉稳、自信，面对任何事情都能做到从容不迫。他们大多涉世非常深，很少有东西可以让他们的内心产生波澜。

开车的时候沉默不语。这类人大多性格内向、腼腆，不善于隐藏自己心中的想法。如果一个人在开车的时候和旁边的人一句话都不说，要么就是他心里面非常讨厌对方，不想和对方说话；

要么就是他不知道应该说什么，可能是对对方有一种畏惧感，也可能是害怕自己说错话。

不只是开车，人们坐车和下车的动作也能反映出一个人的心理。

吹嘘自己的驾驶技术。坐车的时候，喜欢对司机指手画脚，这类人大多非常自大，总是觉得自己比别人强，但是却根本不了解自己的真正实力。如果一个人坐车的时候总是说司机的驾驶技术不好，说明他的心里一定在想，要是自己开的话一定会比司机开得好。

坐在副驾驶位置。这类人的内心大多非常镇定，不会因为一些突发事情而失去思考的能力。如果是一个人单独坐出租车的时候坐在副驾驶位置上，很可能是他想和司机进行交流，想要进一步了解一些事情，或者是排解旅途的寂寞。如果一个人在和别人一起坐出租车时坐在这个位置上，说明他在心里面已经决定下车的时候自己付钱，不希望别人和他争抢。

坐在后排座的左边，也就是司机后面的那个位置。这个位置是汽车上最安全的位置。喜欢坐在这个位置上的人大多比较内向，他们不喜欢和别人交流，也不希望司机过多地关注自己。

坐在后排座的右边。喜欢坐在这个位置的人大多非常细心，无论做什么事情都会事先算计好，并且有一种喜欢保护别人的倾向。他们对自己的能力非常清楚，如果碰到某些超出自己能力范围的问题，他们会毫不犹豫地放弃，绝对不会拖泥带水。

下车时，先挺出腰部。这是一种很少会有人采用的下车方式，因为做起来非常困难。如果一个人采用这样的方式下车，那么他一定有很强的自尊心，害怕别人看不起自己，因此心里面总是想要在某些地方展现出自己过人的能力。

下车时，两只脚分开，右脚先迈出去。这种人大多非常大方，不拘小节。如果一个男人用这样的方式下车，那么他的心里面一定有非常强烈的自我意识，很少会在意别人的想法和感受。如果一个女性用这样的方式下车，那么她一定是希望通过这种挑逗性的动作来吸引别人的注意。

下车时，两只脚同时从车里面踏出来。这种人看上去非常匆忙，无论是什么样的事情，他们都希望能够用最快的方式做完。另外，这类人大多功利心非常强，什么事情都是以自我为中心，与别人交往时最注重的是自己的利益，只要觉得是自己应该得到的，就会想尽一切办法拿到手。

身体倾斜，两只脚放到旁边再下车。这是一种非常优雅的下车方式，大多出现在女性身上或者是一些非常注重自身形象的人身上。她们大多非常谨慎，并且向往自由，不会随随便便限制别人，干涉别人的事情，同时也不希望别人干涉自己的事情。另外，这类人通常会莫名其妙地对那些形象好的人产生好感。

身体向前探，随后两只脚一起踏出去下车。这是一种很有魅力，非常吸引人的下车动作，通常会出现在女性的身上。她们大多非常细心，并且具有较强的亲和力，不会随意和别人闹别扭。

在 KTV 唱歌时的性格密码

现如今，在闲暇的时间，约上几个好朋友去 KTV 唱歌，成了很多人休闲生活的第一选择。另外，各类聚会、活动之后，也免不了要去 KTV 高歌一番。作为一个娱乐性场所，KTV 的作用非常大。我们会发现，有些人平时是一副样子，但是到了 KTV 却变成了另一副样子。不同的人在 KTV 里面唱歌时的表现也是不同的。

专门帮别人点歌，自己只是偶尔才会唱一首。有些人在 KTV 唱歌的时候，专门帮别人点歌，从来不和别人抢麦克风，只是在别人休息的时候自己才会唱一下。这类人大多具有奉献精神，自己甘愿当配角。他们非常在乎别人的感受，也很在乎自己给别人留下的印象，因此害怕自己如果不让着别人，就会给别人留下不好的印象。这类人通常没有远大的理想和明确的追求。

自己从来不点歌，别人让唱什么，就唱什么，也不在乎唱的好坏。这样的人总是抱着得过且过的态度，凡事都不会认真，不能集中自己的全部精力和注意力。他们心里面不会重视任何事情，好像对什么都不在乎。总之这类人就是能躺着绝不站着，能凑合绝不认真。

专门挑选高难度的歌曲演唱，同时很注重自己唱歌时的台风。有一些人专门挑那些难度高的歌曲演唱，同时在唱的时候，在发音的准确性、面部表情以及肢体动作的配合上，都表现得相当专业和完美。这样的人如果不是一个专业的音乐人，那一定是“完美主义者”。他们希望自己做任何事情都表现得完美无缺，并且得到别人的赞美。

总是说自己不会唱歌，但是唱起歌来却非常好听。在刚开始的时候，总是找很多借口推脱，让别人先唱，结果轮到自己唱的时候，唱得和专业的歌手一样。等到大家都夸他唱得好之后，依然会谦虚地说自己今天不在状态。这样的人大多非常虚伪，他们非常在意别人的看法，总是想要表现自己，但是却害怕听到别人不好的评价，所以总是会装作非常谦虚的样子。

非常认真地唱自己拿手的歌。在唱歌的时候，全神贯注地唱自己拿手的歌，就像是旁边没有别人一样。这样的人大多非常内向，他们缺乏向新鲜事物挑战的勇气，因此，除了自己擅长的事情之外，他们是不会主动去挑战任何事情的。

第七章

细节透露心理上喜欢你还是反对你

亲你，并不一定是喜欢你

现如今，亲吻别人已经不是一件令人害羞的事情了，它不只可以应用在情侣之间，同时也可以作为一种礼节，出现在一些公共场合当中。亲吻同样能反映一个人的心理，亲吻的地方不同，亲吻者的心理也是不同的。

亲吻嘴部。这种行为大多发生在恋人之间，因为能够表达出双方浓厚的爱。这类人通常有非常强的道德观念，只要是自己做的事情，就一定会负责任。如果一个人亲吻对方的嘴部，说明他对爱情非常专一，并且下定决心会好好爱对方一辈子。

亲吻脸颊。大多数性格平和的人会这样做，他们对待友情、爱情和婚姻都非常专一，总是认为只要自己以诚待人，别人就会以诚待你，但是却从来都没有考虑过社会和人心的险恶，因此很容易被别人欺骗。

亲吻额头。一般来说，习惯于亲吻额头的人心里面都缺少激情，他们不喜欢也不会用非常热烈的方式表达自己的情感，总是希望用自己的温柔去融化别人。

亲吻鼻子。这类人的玩心很重，无论面对什么事情都会保持一种玩世不恭的心理。他们可能有点儿自私，不在意别人怎么看自己，也不在意别人发现自己的缺点。他们最在意的就是自己是否喜欢，是否开心。

亲吻眼睛。喜欢亲吻别人眼睛的人，大多有着非常浓烈的情感诉求。他们有着非常强大的自信，相信感情，因此总是会把感情的事放在第一位。他们经常感情用事，有时就算是为了感情而牺牲自己的利益，他们也在所不惜。

亲吻头发。这类人的占有欲和嫉妒心非常强烈，甚至可能会因为某些鸡毛蒜皮的小事就失去理智，做出某些错误的行为。在他们心里面，自己的东西就是自己的，别人不可以占有，甚至都不可以碰，就算是只在心里面想一下都不可以。

亲吻脖子。这样的人大多不专一，对待感情三心二意，对待其他的事情也是随心所欲，任意而为。他们从来都不相信这个世界上有天长地久的感情，也从来不会要求自己对感情保持专一的态度，但却希望别人能够专一对待自己，对自己死心塌地。

亲吻耳朵。这类人大多懂得为别人着想，他们善解人意，能够理解别人的痛苦和心事。但是他们并不是真的体谅别人，而是希望利用别人的心事，来达成自己的目的。也就是说，这种人非常自私，心里其实还是以自己的利益为重。

亲吻手背。这种行为通常会被当作一种表达友好的方式，一些西方国家的男士见到女士的时候，为了表现自己的修养，通常会亲吻对方的手背。如果一个人不是出于礼貌而亲吻对方的手背，那么他的心里面对感情一定非常贪婪，并善于控制这种贪婪的欲望，因而并不会轻易被别人发现自己真实的心理。在他心里面，自己就是一个情圣。

亲吻手心。这种人大多是浪漫主义者，追求精神上的享受，心里面非常希望能够得到对方的真心对待。

亲吻手臂。这种行为通常是一种试探性的行为，如果一个人亲吻别人的手臂，说明他很有心机，懂得人情世故，在对方没有表达出自己的态度之前，他是绝对不会表达出自己的情感的。

亲吻肩膀。习惯于亲吻别人肩膀的人，大多心情苦闷，需要别人的安慰。他们心里面非常渴望得到爱情，但是却不知道该如何表达，因此非常痛苦，希望有人能够理解自己。

亲吻脚和脚趾。这类人大多懂得替别人着想，对别人的感受非常在意，对自己的感受却并不在乎。如果对方是自己喜欢的人，甚至可以委曲求全来满足对方的欢心，但是，这类人通常会有些优柔寡断。

亲吻脚心。这类人内心的欲望非常强烈，他们对待感情虽然不能说专一，但是绝对不会滥情，他们只会对特定的对象爆发出热烈的情感。

女友搭摩托车时扶你的腰，是因为爱你

很多身处热恋中的男女会偶尔疑神疑鬼的，他们总是不能确定对方到底是不是真的爱自己，是不是真的会和自己结婚。有时对方说爱自己的时候，自己在心里面却并不相信。有时对方因为开玩笑而说不爱自己的时候，自己却信以为真。还有一些时候，因为一些鸡毛蒜皮的小事情，明明都深爱着对方的男女无奈分手，从此成为路人，导致双方都后悔一生。怎样才能知道对方到底是不是真心爱着自己呢？这个问题的答案是热恋中的男女最想知道的。男人似乎更为迫切地想知道答案，因为相对于男性来说，女性大多都是腼腆的，所以除非是非常讨厌一个人，不然她们很少会正面表达自己的情感，这就让很多热恋中的男人特别迷茫，不知道自己付出的感情到底值不值得。

为了找到这个问题的答案，心理学家进行了一系列的研究，最终发现可以通过女性做出的一些动作和行为找到答案。比如说从一个女人坐在一个男人的摩托车上时，手放的位置就能够看出

这个女人的心里面到底是怎么想的。一个叫作小辉的男人，就通过这样的方式，看到了自己女朋友的真心。

小辉和他的女朋友已经交往了很长时间，他非常爱他的女朋友。只要是在双方休息的时候，他就会骑着摩托车，带着女朋友出去玩。虽然带她去的都是附近的地方，也没有给她买什么名牌商品，吃什么山珍海味，不过他发现他的女朋友非常高兴。

小辉的年龄也不小了，家里一直都催着他结婚。其实小辉自己也非常着急。他也想快点和女朋友结婚，但是他不能确定女朋友是不是真心实意地爱自己。虽然两个人每次一起出去玩的时候都非常开心，但那毕竟只是表面的现象，小辉也不敢确定。

由于家里催得急，再加上自己心里也着急，所以他决定找个时间问问清楚。于是，在一次女朋友非常高兴的时候，小辉对女朋友说："有一个问题我憋在心里面很久了，希望你能够认真回答我。你到底是不是真心爱我啊？"他的女朋友听到这个问题之后，并没有正面回答他，而是转过身去，低下头，说："你怎么能问我这样的问题呢？我都不好意思回答了。"小辉也知道自己的女朋友性格比较腼腆，但是她在这个问题上的避而不答，还是让小辉的心里面变得十分郁闷。

很多事情的转机往往会在不经意当中出现，小辉和她女朋友的事情也是一样。有一天，小辉闲着无聊，随手拿了一本关于心理学的书看。其中的第一部分内容让他像是发现了新大陆一样，整个人变得异常兴奋。因为书上有一段是关于"女朋友坐在摩托车上面手放的部位代表的心理"的，小辉读完之后发现这段内容对自己太有用了。但是因为想不起来女朋友每次坐自己的摩托车时到底把手放在哪里，所以他决定找个时间确认一下。

机会很快就来了。这天，小辉又骑着自己的摩托车带着女朋友出去玩。在路上，小辉特别注意了一下女朋友手放的位置，他发现女朋友的手扶在自己的腰上之后，顿时欣喜若狂。于是他马上停下车，就在他女朋友还不知道怎么回事的时候，小辉突然从兜里面掏出已经准备了很长时间的戒指，单膝跪地，对女朋友说："嫁给我吧！"他的女朋友非常激动，不仅答应了他的求婚，还给了他一个香吻，并且说："我等这一刻等了好长时间了。"小辉听到之后，嘿嘿地笑了起来。

看完这个故事之后，我们不禁要问，为什么小辉在发现他的女朋友坐摩托车时扶着他的腰，他就欣喜若狂并且有勇气求婚了呢？这是因为心理学研究表明，当一个女孩坐男孩的摩托车时，用手扶着那个男孩的腰，就说明这个女孩全心全意地爱着这个男孩。

骑摩托车带过女人的男性朋友应该都知道，当一个女人坐在你的摩托车后面时，她的手并不一定会扶在你的腰上，很可能扶在别的地方。当女人把手扶在不同的地方时，代表着她不同的心理。

把手放在自己的膝盖上，或者根本什么都不扶。这样女人心里面大多都很纠结。她对你可能有一定的好感，但是却并没有把你当作她的男朋友，只是觉得和你在一起相处很开心，总之就是不知道该把自己放在什么样的一个位置上。在这种情况下，如果你真的喜欢她，那就必须要努力了，因为你越努力，她的内心就会越喜欢你，你成功的概率很大。

把手扶在后面的把手上。当一个女人坐你的摩托车上时，把手扶在了后面的把手上，说明她在心里面并没有认同你是她的男朋友，可能是你的表现离她心中的那个人还有一定的距离。这种情况下，你最好的做法仍然是继续努力，努力成为她心中所期盼的那个人。

坐在你摩托车后面的女人不是你的女朋友，却把手扶在你的腰上。如果这个女人不是你的亲人，或者是关系非常好的朋友，那么她的心里一定喜欢你。实际上，她的这种做法就是暗示你可以追求她，她会答应你的。

在约会中了解你男朋友的真实心理

对于一个女人来说，嫁人是一辈子最重要的事情之一，每个女人都希望能够嫁给一个只对自己好的男人。在嫁人之前，最重要的事情就是要了解对方，这也是很多女人最关心的问题。心理学家研究后发现，女性可以通过男人在约会中的某些细微的动作，来判断他到底是不是一个值得托付终身的人。

从一个男人在和自己女朋友逛街时走路的位置，就能够表现出他的本质。

小琴是一个非常可爱的女孩，她有一个相处了很长时间的男朋友。在小琴看来，她的男朋友是一个非常好的人，对自己好，能容忍自己的脾气，还能经常陪自己，从来都不抱怨，这让小琴每天都非常过得非常开心，觉得自己找对人了。但是，最近一段时间，小琴却高兴不起来，因为她的男朋友总是忙于工作，天天加班，根本就抽不出时间来陪她。

小琴以为是相处时间长了男朋友感到厌倦，所以移情别恋了。因此，她曾经偷偷地跟踪过她的男朋友，但并没有发现什么。不过这种情况却让她更加担心，因为她觉得自己在男朋友的心里还没有工作重要。她想要问清楚，却不知道怎么开口。小琴想要和男朋友分手，却舍不得这么长时间的感情。为此，小琴没少偷偷流眼泪。

小琴就这样一直处在纠结的状态当中，由于没有人陪，她感觉非常孤独。为了排解这种情绪，小琴最近喜欢上了看书。有一次，小琴无意间看到了一本关于心理学方面的书籍，里面恰好有一段是关于怎么样从逛街的过程中了解男人的心理的内容。小琴看了之后，决定有时间要亲自试试看。

一段时间之后，小琴终于找到了机会。这一天，她的男朋友终于不加班了，于是小琴迫不及待地拉着自己的男朋友去逛街。在逛街的过程中，小琴一直都在仔细观察男朋友的表现。她发现，她的男朋友在逛街时一直走在她的旁边，和她并排走，即没有走到她的前面，也没有走在她的后面。发现这种情况之后，小琴一下子变得非常开心，并且再也没有怀疑过自己的男朋友不爱自己了。

心理学研究表明，当一个男人陪自己女朋友逛街时，和自己的女朋友并排走，表明这个女人对他非常重要，他的心里面非常爱自己的女朋友。

实际上，对于恋爱中的男人来说，在工作不忙的时候多陪陪女朋友，在工作忙的时候少陪陪女朋友，这都是非常正常的，因为无论是工作还是女朋友，都代表着一种责任。

当然，在和女朋友逛街时，男人也可能走在女人的前面或后面，这两种情况也代表着不同的心理。

在逛街的时候喜欢走在女朋友的前面。这样的男人通常有大男子主义倾向，在他们心里，工作的地位要比女朋友高得多，如果必须选择其一的话，他们会毫不犹豫地选择工作。他们心里面希望女朋友做什么事情都以自己的意见为主，服从自己的安排。

在逛街的时候喜欢走在女朋友的后面。这类人会对自己的女朋友非常重视，但是，这种重视却不足以让他们放弃自己的工作。因此，这种人通常在恋爱的时候会让人感觉自己对女朋友要比对工作重视得多，但是结婚之后却会倒过来，可能就会变成一个彻头彻尾的工作狂。

心理学研究表明，一个男人在和女朋友约会时坐的位置，同样能够表现出他的心理。

小玲有一个交往了一段时间的男朋友。他的男朋友属于“白马王子”类型的，在没有和她交往之前非常受女生欢迎。因此，对于有这样的一个男朋友，小玲觉得非常自豪。

总体来讲，小玲对自己的男朋友非常满意，只是男朋友的一个行为让她十分不理解，那就是每次出去约会男朋友总是抢着坐在她的左边。小玲曾经问过她的男朋友为什么要这样做，得到的答案是中国自古就讲究男左女右。对于这个答案，小玲显然是不满意的，认为她的男朋友在敷衍她。但是，她却并没有继续追问，而是决定下次自己抢着坐在左边，看男朋友有什么样的反应。

有一次，小玲和男朋友约会时，突然抢着坐到了男朋友的左边。随后她发现，男朋友的情绪变化非常大，一下子就变得非常紧张。小玲突然想起一句话，“人的左脸往往比右脸更可靠”，而男朋友总是让自己面对他的右脸，难道他有什么事情瞒着自己吗?

小玲决定偷偷观察她的男朋友，没多久就发现男朋友似乎和其他的女人有密切地来往。这种情况让小玲无法接受，于是她果断地和男朋友分手了。

从故事中我们可以了解到，当一个男人总是抢着坐在自己的女朋友左边时，他一定有事情瞒着自己的女朋友，不想被女朋友发现。那么，这个判断有什么科学依据吗?

从生理学的角度来说，一个人的脸可以分为左右两个部分，有时候两边的表情相同，有时候两边则会出现不同的表情。一般来说，当人的左脸和右脸出现不同的表情时，一定是人们有意识地控制了自己的感情和情绪。通常情况下，左脸的表情会直接反映出人的真实心理，而右脸的表情则是人们有意识控制的结果。

在故事里面，小玲的男朋友刻意坐在小玲的左边，必然是有事情隐瞒着她，因此可以判断小玲的男朋友并不可靠，所以小玲选择分手是非常正确的。

谈话时摘掉眼镜，
是反对对方的意见

现如今，眼镜已经成了很多人生活中必不可少的一个物品，不只是近视的人，很多不近视的人也会戴一副眼镜。以前有人认为，戴眼镜是文化人的标志，虽然这种说法并不正确，但是不能否认，当眼镜架在鼻梁上之后，确实给人增添了几分书生气。随着戴眼镜的人越来越多，人们戴眼镜或摘眼镜的动作也逐渐成了心理学家们研究的对象。心理学家研究表明，当一个人用不同的动作戴眼镜或者摘眼镜时，他的心理也是不同的。

在职场中，一些上司会通过自己戴眼镜或摘眼镜的动作来表达自己对下属是满意还是不满意。

小董是一家公司的文案策划，因为他文字方面的优势很强，所以深得老板器重。老板戴着一副眼镜，充满了书生气，并且平易近人。出于对老板的尊敬，以及老板对自己的重视，小董工作非常努力，老板也十分满意。在所有人看来，小董升职加薪是迟早的事情。

最近公司要提拔一名员工为策划经理，所有人都认为这个人必定是小董，就连小董自己也是这样以为的，因为老板曾经给过他一个暗示。但是当结果出来以后，所有人都大吃一惊，被提拔为为策划经理的人并不是小董，而是另一位同事。

小董听到这个消息后，去问老板："您前段时间不是说如果我把您交代的策划案做好，就提拔我做策划经理吗？为什么现在升职的人不是我？"老板也很生气，对小董说："我确实这样暗示过你，但前提是你做的策划案要让我满意。当时我在看完你的策划案之后还暗示过你，希望你能够把策划案拿回去重新修改，但是你却无视我的意见，所以我只好找人重新做一份，并且把升职的机会留给别人了。"

小董向老板要回了自己的策划案，不过他不记得老板曾经暗示过他需要修改，于是他又把整件事情的经过重新回忆了一次。

有一天，老板把小董叫到自己的办公室，对小董说："马上就要过年了，公司打算举办一系列活动，你交一份策划案吧。"等到小董快要出去的时候，老板像是自言自语一样地说："公司的策划经理的位置空缺了有一段时间了，看来要抓紧时间提拔一个人了，否则什么事情都得我自己去交代，太麻烦了。"小董听到这里，非常高兴，心想："老板这是在暗示我如果把这个策划案做好了，就要提拔我做策划部的经理啊。"于是，为了能够得到老板的认可，他一点儿时间都没耽误，连夜做了一份策划案出来，并且反复修改了好几次。

第二天，小董又来到老板的办公室，自信满满地把自己关于过年活动的策划方案交给了老板。老板见小董这么快就把策划案做好了，非常高兴，一脸欣喜地开始看小董的策划案。看着看着，老板脸上的笑容渐渐消失了，同时开始皱眉，好像有点儿不满意，但是满心欢喜地等着老板给自己升职的小董却没发现这一点。看完之后，老板把小董的策划案轻轻地放在了一边，同时摘下自己的眼镜折叠起来，然后直接扔到了一旁。过了一会儿，老板发现小董还是没什么反应，于是轻轻叹了一口气，对小董说："你先出去吧，我把这个策划案拿给大家研究一下。"小董听到老板这样说，认为老板一定是对自己做的策划案非常满意，于是面带微笑地走出了老板的办公室。

后面的事情大家都知道了。在公司的年会上，老板把小董的同事提升为了策划经理。随后小董质问老板，才发生了开头的事情。

小董把当天发生的事情反复想了好多次，都没有发现老板到底是怎么暗示自己他对策划案不满意、需要重新修改的。最后没办法，他只能替自己感到遗憾。

看完这个故事，我们可以发现，在小董的老板看完他的策划案之后，确实曾经给过小董"我很不满意，希望你能回去把策划案修改一下"这样的暗示，而小董之所以不知道老板是怎样暗示他的，主要是因为他不懂得心理学。心理学家认为：当一个戴眼镜的人，突然间把眼镜摘下来，并且折叠起来直接扔到一旁，就说明他对某件事情非常不满意，心里面很不高兴。在故事中，"老板把小董的策划案轻轻地放在了一边，同时摘下自己的眼镜折叠起来，然后直接扔到了一旁。"这实际上就是老板在给小董暗示。可惜，小董处在喜悦的情绪中，并且对心理学常识也不了解，他根本就没有能理解这个动作所表达的含义。

从这个故事中我们要明白，在工作中，老板在面对下属时所做的每一个动作，都是有一定含义的。所以，我们一定要对心理学常识有所了解，争取读懂上司的各种肢体语言，这样才不会错过升职的机会。

当然，不只是这个动作，其他一些关于摘眼镜和戴眼镜的动作也有其独特的含义，也代表了人的不同心理。

把眼镜折叠起来放在一边，同时放松身体，把自己的后背靠在椅子上。这是一种放弃或者是厌倦的表现，如果你在和别人谈话的时候，发现对方做出了这个动作，那么你应该马上停止谈话，因为对方心里面已经厌倦了，不想把当前的话题进行下去。即使这个时候你仍然滔滔不绝地说下去，也没有任何意义，因为对方已经听不进去了。当然，对方做这个动作的时候，可能只是出于对当前话题的不感兴趣，如果你换一个对方感兴趣的话题，谈话还有可能继续进行下去。

将眼镜腿咬在嘴里。一般我们都会认为一个人只有在十分无聊的情况下才会这样做，但是实际情况很明显不是这样的。如果一个人把眼镜腿含在嘴里，说明他的心里面肯定非常缺乏安全感，感觉非常孤单，所以希望能够得到别人的关心和安慰，并且渴望得到安全感。

把眼镜摘下来，擦拭后重新戴上，随后拿起一些材料看。这个动作实际上是一种想要为自己争取时间的动作，如果一个人做这样的动作，说明他需要时间考虑，不能马上给出答案。

用手转笔时的心理

很多人都有这样一个习惯，那就是当手上拿着笔时，只要不是在写字，就会把笔转来转去，好像一副很无聊的样子。难道一个人用手转笔的时候，只是因为心里面觉得无聊吗？事实好像并不是这样的。

小陆被老板开除了。按道理来说，我们生活在公平的社会当中，就算是老板要开除一个人，也会讲明缘由之后，双方好好商量，好聚好散。但是老板先冲小陆发了一通脾气，随后又在暴怒的情况下告诉他以后不用来上班了，这让小陆觉得非常委屈。

回想起之前，自己还是老板的助理，每天跟在老板的身边，帮他掌管大小事物，比如端茶倒水、陪客户、管理日程、撰写发言稿等。为了能够让老板更加赏识自己，无论老板交代什么，小陆都会用心去做，从来没有对老板说过一次苦和累。但是在今天，老板因为没有处理好和客户谈判的事情，把脾气发泄到了自己身上，又开除了他，他想想就觉得冤。

小陆并不想就这样不明不白地被开除，他决定把整件事情再仔细回想一遍，看看自己究竟哪里做错了，造成了这么严重的后果。

当天，小陆陪着老板去见一个重要的客户。如果这单生意能够谈成，那么公司能够得到进一步发展的机会，因此老板非常重视这次见面，小陆也非常重视。在和客户开始谈判之后，小陆就站在老板的后面。突然，他发现老板居然从桌子上拿起一支笔转了起来。

身为老板的助理，小陆当然知道老板平时的一些习惯。平时小陆总是会看见老板拿着一支笔转来转去，小陆并没有在意，觉得只是老板长时间养成的一个习惯，虽然并不是好习惯，但是也没什么大不了的。但是今天不一样，今天是和关乎公司发展的重要客户进行谈判，万一老板这么转笔给人家留下不好的印象，最后丢掉这个重要的客户，那就有点得不偿失了。所以，小陆决定提醒老板一下。

小陆低下头在老板耳边说了自己的意见，老板听了以后，先是看了小陆一眼，随后可能觉得他说的有一定道理，所以立马就把笔收了起来。但是，停止转笔之后，老板发现自己莫名其妙地紧张起来，并且这种紧张的情绪越来越严重，一会儿工夫，老板就开始满头大汗。

本来双方谈得挺好，但是客户突然看见小陆的老板满头大汗，一下子有点摸不着头脑了。客户想一定是有什么特殊的事情，才让小陆的老板这么紧张或着急的。客户想了半天，感觉这个老板肯定是有什么事情瞒着自己，于是决定终止谈判。客户假装好心地对小陆的老板说：“我看您满头大汗的，是不是有什么事情要处理？如果着急的话，您现在就去吧，我们的谈判改天再继续。”

小陆的老板当然知道自己没事情，但是也不能对这么重要的客户说自己心理紧张啊。于是只能极力挽留客户说："我哪有什么事情啊，就是突然觉得有点儿热，我们还是继续谈吧。"客户担心小陆的老板会欺骗自己，当然不可能留下，于是说："我看还是算了，看您满头大汗的，肯定是有事，我们的事情还是以后再谈吧。"说完就头也不回地走了。这下子不光是老板愣住了，就连一直在旁边没有说什么话的小陆都愣住了，心想："刚才不是还谈得好好的吗？怎么说走就走了？"

过了一会儿之后，小陆发现老板还愣在那里看向客户走出去的方向，他觉得自己应该提醒一下，于是就对老板说："老板，客户已经走远了，您还是先坐一会儿吧。这次没谈成，不是还有下一次吗？您也不用为了……"

"够了，你别说话了。"就在小陆滔滔不绝地安慰老板的时候，突然听见了老板的喊声。小陆一下子愣住了，老板又说道："我们公司庙小，养不起你这尊大佛，你以后就不要来上班了，另谋高就吧。不过看在这么长时间你都兢兢业业的份上，我要劝你一句，以后再有老板带你谈工作的时候，你最好不要乱说话。"说完，老板就气冲冲地走了出去，只剩下还在目瞪口呆的小陆。他还在想："貌似老板在和客户谈判的时候，自己除了让老板不要再转笔了，其他时候也没有说话啊，到底是哪里错了呢？"

"到底是错在哪里了呢？不过就是一个善意的提醒嘛，为什么会害得自己连工作都丢了呢？"小陆在把所有的事情全都回忆了一遍之后，仍然这样问自己。

看完这个故事之后，我们会发现，小陆因为提醒了老板一句话之后就被老板开除，其实一点儿也不冤枉。为什么这么说呢？

因为老板之所以转笔，并不是因为他觉得无聊，而是希望能够通过转笔来掩饰自己的心理活动。老板在转笔的时候，心里面一定是非常紧张的，毕竟是一个非常重要的客户，也是关乎公司以后发展的谈判。为了能够让谈判正常进行下去，老板才通过转笔来掩盖内心的情绪，转移注意力，使自己不会太紧张。随后小陆提醒老板转笔的做法不礼貌，老板下意识地同意了他的说法，并且放下了手中的笔。但是，因为老板心里面紧张不安的情绪还在，不再掩饰之后，自然就暴露出来，最终导致谈判失败。说到底还是因为小陆不懂得老板转笔时的心理所造成的，所以说小陆一点儿也不冤枉。

故事中的老板在谈判的时候转笔，是因为他心里面非常紧张，如果是在其他的场合下转笔，那则会代表其他的心理。比如说在考试的时候转笔，那可能代表转笔的人正在思考；如果是在无聊的时候转笔，那就是为了排遣寂寞；如果一个人在一些需要发言的场合转笔，那么这个人一定是在心里面思考着一会儿自己发言要说的内容。

另外，当一个人转不同的笔的时候，同样能够反映出不同的心理。如果转的是自动铅笔，说明这个人优柔寡断，面对一件事情的时候可能会出现无数个想法，但是自己却不能确定这些想法到底哪个是最好的，所以他的心里面会一直纠结，非常烦恼；如果一个人转钢笔，说明他不怕任何困难和挑战，但是因为内心固执，所以只会按照自己的想法去做，不会理会别人的劝说。

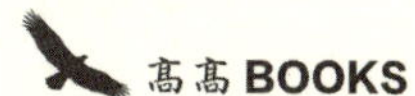

微行为心理学

总 策 划 | 高 欣
品牌运营 | 孙 莉
出版统筹 | 孙广宇
销售总监 | 彭美娜
执行编辑 | 陈 静 万雄飞
营销编辑 | 王晓琦
装帧设计 | 龙 柒
版式编辑 | 周 芳
制作编辑 | 李 雁

微信公号 | 高高国际
天猫旗舰 | 高高图书专营店
读者服务 | gaogaosky@163.com
直销服务 | 010-65709800

法律顾问 | 北京市百瑞律师事务所 贺芳 律师